宴席設計
理論與實務

賀習耀 主編

崧燁文化

目 錄

前言

　　在烹飪專業、酒店服務與管理專業的人才培養方案中，宴席設計是一門實務性的專業必修課。本教材《宴席設計理論與實務》主要由三部分內容所構成：第一部分（第1章至第2章）是宴席及宴席菜品的基本知識，第二部分（第3章至第6章）是宴席菜品設計、宴席酒水及餐具設計、宴席菜單設計以及宴席台面與台形設計等的基本理論，第三部分（第7章至第10章）是宴席業務的組織與實施以及宴席的成本與質量控制等管理實務及宴席設計實務。三部分內容環環相扣，層層遞進，形成了本教材的基本架構。

　　為了突現科學性、規範化和實用性的編寫原則，本教材的編寫在內容的安排上強調與工作職位相適應，理論知識以「必需、夠用」為原則，實踐技能則強調科學與規範，盡可能地培養學生的實際動手能力；在典型材料的取捨上，力圖將宴席設計的最新成果融入課程體系中，以實現培養學生設計能力、應用能力和創造能力之目的；在教材結構的安排上，盡可能符合「理論實踐一體化」教學模式的要求，以酒店的工作職位職責為切入點，深入淺出，避免只重理論知識而忽略如何將設計變為現實的不足。

　　本教材適於高職院校烹飪專業及酒店服務管理專業的學生使用，也可作為中職學生及廚務人員的培訓教材。透過本課程的學習，學生可系統地掌握宴席設計的基本理論和基本技能，樹立科學的宴席設計觀；從而靈活自如地設計各類宴席菜單，及時解決宴席設計、製作、服務及管理過程中的實際問題。

　　雖然我們一直承擔宴席設計課程的教學工作，發表了多篇有關宴席設計的文稿，但由於程度有限，書中的缺點和疏漏在所難免，誠盼使用本教材的讀者提出寶貴意見，以便修訂完善。

編者

緒論 中國宴席的起源、發展與革新

一、宴席的起源

中國宴席大約出現在4000年前。原始社會末期和奴隸社會初期的祭祀、禮俗、宮室、起居是其產生的主要根源。

新石器時代，生產水平低下，先民對許多自然現象和社會現象無法理解，久之便產生天神旨意、祖宗魂靈等觀念，出現了原始的祭祀活動。要祭祀，先得有物品表示心意，於是祭品和陳放祭品的禮器應運而生。先秦時期，最隆重的祭品是牛、羊、豬三牲組成的「太牢」，其次是羊、豬組成的「少牢」。這是王室祭奠天神和祖宗用的；至於民間，一隻豬蹄、一條狗便可以。禮器有木製的豆、瓦制的登、竹製的籩、青銅製的尊、俎、鼎、簋等。每逢大祭，還要擊鼓奏樂，誦詩跳舞，賓朋雲集，禮儀隆重。祭祀完畢，若是國祭，君王則將祭品分賜給大臣；若是家祭，至親好友便將祭品分享。這樣，祭品就轉化為宴席上的菜品，禮器演變成宴席上的餐具，宴席初具雛形。

宴席受著禮俗的熏陶。在國事方面，商周有敬事神鬼的「吉禮」，祈禳凶荒的「凶禮」，朝聘過從的「賓禮」，征討不服的「軍禮」，王室婚嫁的「嘉禮」。行禮必奏樂，樂起要敬酒，如果肴饌欠豐，便是禮節不恭。在家事方面，春秋以來，男子成年行「冠禮」，女子成年行「笄禮」，嫁娶行「婚禮」，添丁行「洗禮」，生辰行「壽禮」，辭世行「喪禮」，這均要置酒備菜，敦親睦誼，這也是宴席的先聲。

古代宴席多在室內舉行，設宴形式須受廳堂的制約。秦朝以前，房屋大多坐北朝南，前面是行禮的「堂」，後面是住人的「室」，房屋建在高台之上，台下

有階,四周圍以矮牆或籬笆。古人宴客時「降階而迎」、「登堂入室」等禮節的出現,與這種住房建築格局不無關係。夏、商、周三代,先民還保持著原始人的穴居遺風,把竹草編織的蓆子鋪在地上供人就坐。按照古時的習慣,堂上的座位以南為尊,室內的座位以東為上。古代的席大的可坐2~3人,小的僅坐1人。先民治宴,最早為一人一席,也取決於起居條件。室內座具除席之外,還有筵,兩者的區別是:筵大席小,筵長席短,筵粗席細,筵鋪在地面,席放置筵上。若是筵與席同設,一是富有,二是對客人的尊重。

先秦的家具中尚無桌椅,只有床、几。河南信陽長台關楚墓出土的木床,高僅19公分,只供眠息;几也矮,有多種,其中一種是作為老人踞坐時的依憑之物。還有,古時的餐具多為陶罐銅鼎,形似香爐,體積甚大,有的一次可煮肉塊十多斤乃至數十斤;端放食物的托盤叫「案」,木製,長方形,有足,僅能放一鼎,抬著擱放在筵上。因此,先民赴宴,實際上是「踞」在「席」上,對「案」面「鼎」而食。由此所制約,菜點不多,一般是一人一鼎,德高望重的老人和貴族王侯,才能三鼎或五鼎。若想擺出「陳饋八簋」的席面,勢必「席前方丈」。直到漢魏時期,在西域座具——馬扎子(折疊凳)的啟發下造出簡單的桌椅後,先民才可以「正襟危坐」,從容宴客了。

二、宴席的發展

根據《周禮》等書的追記,虞舜時代已出現敬老的「燕禮」,每年舉行多次,先祭祖,後圍坐,吃些狗肉,飲點米酒。夏啟繼位後,不僅保留敬老宴,還曾在鈞台招待眾部落的酋長;夏桀當政,追逐四方珍異,宴席開始奢靡。殷商時期,宴樂在祭神活動中發展較快;荒淫無道的紂王搞起酒池肉林,開了冶遊夜宴的先河。進入周代,酒宴名正言順地為活人而設,出現「燕禮」、「大射禮」、「公食大夫禮」、「鄉飲酒禮」等眾多名目;同時周公制禮作樂,嚴格按等級確定宴席的規模,宴席較前正規多了。不過,周天子的飲食相當奢侈,他用膳須準備「周代八珍」和120種菜、120種肉醬。

春秋時期,禮崩樂壞,士大夫也敢「味列九鼎」,席面的限制不那麼嚴格。

這時諸侯有築台宴樂的風氣，並且注重場景的陳設。例如，坐的蓆子就有熊蓆，扶的矮几有玉石做的。戰國時期，宴樂更甚。據《招魂》記載，宴享亡靈的席單就有主食4種、菜品8種、點心4種和飲料3種；而《大招》中記述的另一份席單，食品則多達29種，它們組合適宜，銜接自然，使席面設計躍上了新的台階。

進入秦漢，由於國力的殷實，宴席在民間也蓬勃興起，而貴族之家則是在高堂上敷設帷帳，將酒宴擺在錦幕之中。餐具中出現了風姿卓絕的漆器，並且已由一人一桌演化成兩三人同席共飲。這時在飲食市場上已有了正規的酒樓，並由侍者斟酒布菜。《鹽鐵論》中記載的民間酒宴，菜品常有10多道。在席單的編制上，講究選料精細，調配合理，注重火候與風味，突出地方特色。枚乘在《七發》中描繪的楚地王宮盛宴，可以說明這一問題。

魏晉是個多事之秋，上層社會的宴席不僅追求怪誕，還成為豪強鬥富的手段，像以晉武帝為首的西晉士族集團，便是「食必盡四方珍美，一日之供，以錢二萬」。這時「文酒之風」盛行，曹操父子都以酒會網羅人才，而且西域肴饌也被吸收進來，出現了胡姬侍宴，這對中國宴席的演變都有深遠的影響。南北朝時，宴席中又有四個新的因素：一是出現類似矮桌的條案，改善了就餐環境與衛生條件；二是推出主旨鮮明的各類專用宴席，如登基宴、封賞宴、湯餅宴、團年宴等；三是隨著佛教的流傳，孕育出早期的素席；四是宴席與民俗逐步融合，酒禮席規更受重視。

三、宴席的昌盛

隋代名席有隋煬帝的龍舟大宴和洛陽豐都市免費接待少數民族和外籍商人的酒席。至盛唐及五代，宴席進入鼎盛期，出現高桌和交椅，鋪桌幃、墊椅單，開始使用細瓷餐具，禮食的情韻較前更濃厚。燕樂的場所講究借景為用，注重情感愉悅和心理調適，將觀燈、賞花、冶遊、賦詩與宴飲結合起來，像「櫻桃宴」、「游簺宴」等都別開生面。唐中宗時出現大臣拜官後向皇帝敬獻「燒尾宴」的慣例，這種大宴菜品多達五六十道，為後世官場盛宴的調排奠定了基石。宴席用料

已從山珍擴大到海味，由禽獸拓展到異物，烹調工藝較前精細多了。鄉土風味宴席層出不窮，孟浩然寫的《襄陽村宴》，杜甫寫的《長安村宴》，後蜀主孟昶之妃花蕊夫人寫的《成都船宴》，均是以特異的情採取勝。孕育在春秋、演化在漢魏的酒令，在此時發展甚快，士農工商無不以這種佐飲助興的詞令和遊戲為樂，使得酒宴的氣氛更為歡悅。

遼、宋、金、元時期，名席更多。舉其要者，便有宋仁宗大亨明堂宴、宋度宗壽宴、西湖船宴等。此類大席，重視鋪排。例如，集英殿大筵，僅擺設就有單幃、搭席、簾幕、屏風等10餘種，以飲9杯壽酒為序，上20餘道菜點，演10多種大型文藝節目，動用數千人張羅。再如，清河郡王張俊接待宋高宗及其隨員，按職位高低擺出6種席面，不僅皇帝計有200餘道菜點，連侍衛也「各食5味」。在飲食市場上，這時出現了專管民間吉慶宴會的「四司六局」，他們分工合作，把備宴的一切事務都承攬下來，並且酒宴中出現「看盤」，喜歡使用銀器，氣派壯觀。至於元代酒席，則多用羊饌和奶製品，燒烤為主，崇尚鮮鹹，用酒量甚大，多用容量數百斤乃至上千斤的「酒海」盛裝。元人還重視祭筵，祭品常用獵獲的純馬、紅牛、白羊、黑豬和黃鹿，並敬獻六蒸六釀的馬奶酒。元代有一種以衣的顏色命名的詐馬宴，由宮廷或親王在盛大節慶時舉行，吃全羊大菜，用象舞助興，與宴者必須穿皇帝賞賜，由回族織衣匠製作的同色「質孫服」，一日一換，歡宴多天。

明、清兩朝，是中國古典宴席的黃金時代。其突出特徵有：①餐室富麗堂皇，進餐雅緻舒適。通常使用紅木製作的八仙桌、大圓桌、太師椅和鼓形凳，形成8人至10人一桌的飲宴格局。出現對號入座的「席圖」、看席和擺台工藝，還有麵塑、高擺等以壯觀瞻，並且是全席餐具與金銀玉牙製品配用，侍應人員的服飾也鮮亮奪目。②宴席設計注重套路、氣勢和命名，款式多，分檔細，菜品編排多係酒水冷碟、熱炒大菜、飯點茶果三大梯次，常以頭菜領銜。高檔的多是「十六碟八簋四點心」，低檔的也有「十大碗」。「蓋州三套碗」、「洛陽水席」、「成都田席」、「春酒」、「文會」等特色酒宴各領風騷。③各式全席脫穎而出，調製工藝更為精緻。當時的全席包括主料全席（如全藕席）、系列全席（如野味席）、技法全席（如燒烤席）、風味全席（如譚家菜席）四類，其中清真全

羊席譽滿南北，滿漢燕翅燒烤全席被稱為「無上上品」。④少數民族的酒筵有很大的發展，各自展現出不同的民族禮俗和風情。僅據《清稗類抄》一書的介紹，就有滿、蒙古、哈薩克、回、藏、苗等族的豐盛席面十餘種，這些都是研究民族史、民俗史、中國宴席史的珍貴資料。

四、宴席的演變

鴉片戰爭之後，由於時代浪潮的衝擊和西方文化的影響，中國宴席的面貌悄然地發生著變化。一是隨著西餐西點的傳入，西式宴席在沿海口岸逐步立足，其中的一些菜點和食禮慢慢向中國宴席中滲透。二是封建知識分子中的有識之士（如袁枚、徐珂等社會名流），日益發現中國宴席中的某些積蔽，對其加以針砭，發出宴席改革的呼聲。三是清末的一些留學生回國後，從衛生、實用出發，推出了「視便餐為豐而較之普通筵則儉」的改良宴會模式，受到社會歡迎。四是隨著清王朝的滅亡，許多超級大宴（如王宮盛宴、滿漢全席之類）在飲食市場上銷聲匿跡，人們需要新的席面對其取而代之。在這種背景下，宴席改革的問題經過100多年的醞釀思考，就被提上議事日程。

五、宴席的革新

要對傳統宴席進行改革，首先必須對它充分認識。中國傳統宴席源遠流長，種類豐繁，大多具有如下特點：①席面大，菜品多，以動物原料為主，重視選用山珍海味和名蔬佳果；②工藝精湛，講究火候與調味，因時、因地、因人、因事、因景而設，以某一風味取勝；③講究氣勢與文采，注重鋪排，強調禮儀，餐室雅麗，餐具華美，服務周到，有股莊重、華貴的氣質；④耗費大量人力、物力、財力，成本高，時間長，主要消費對象是上層社會，適應面窄；⑤受封建禮教熏染，常被作為政治鬥爭和社會應酬的工具，功利作用突出；⑥膳食配伍不盡科學，有些技法不合營養要求，存在形式主義傾向。顯然，這裡面有可借鑑的成分，也有應當摒棄的東西，要仔細分辨，決定取捨。例如，謹嚴選料、細心調

配、認真操作、菜品與酒水巧妙組合、餐具配套、強調食禮和食趣、注重環境氣氛的調適、發揮「酒食所以合歡也」的作用，這些今天仍然有用，應當繼承與發揚。但是，透過酒筵鬥富，鋪張浪費，搜奇獵異，暴殄天物，編排過分雕琢，烹製故弄玄虛，菜品數量過大，宴飲時間太長，忽視膳食平衡與衛生營養以及不雅的席規和餘興之類，則需剔除。

隨著時代的進步，中國宴席儘管有了明顯改進，但仍有許多不夠理想的地方。特別是近年來，由諸多原因所致，酒宴之風再度颳起，產生了五大弊端：一是片面追求奇珍異饌，二是過分講究排場，三是營養比例失調，四是浪費現象嚴重，五是助長了不良風氣，民眾意見較大。所有這些，都使宴席的改革更顯迫切。

宴席必須改革。改革要把握一些基本原則。第一，不能失去宴席的本質特徵，要注意風格的統一性、工藝的豐富性、配菜的科學性、形式的典雅性、接待的禮儀性和審美的教育性，只能是在借鑑中揚棄，在繼承中創新。如果把中國宴席的合理內核都拋掉，那就不成其為宴席了，廣大群眾也難於接受。第二，要兼顧中國的飲食傳統和禮儀觀念，使宴席具有一定規格和氣氛，能顯示待客的真誠和友情的分量，表達出對客人的敬意。第三，必須考慮市場上的宴席具有商品屬性。公款宴請應當加以引導，私人請客則不應過多干預。只有靈活對待，才能適應第三產業發展的需要。因此，改革宴席只能是區別情況加以引導，而不可限死。

宴席改革的總原則應當是，從中國現階段的國情、民情出發，順應社會潮流，科學地指導與調整食物消費，切實保證營養衛生，注重實際效益，努力樹立時代新風尚。一般來講，應使宴席符合精、全、特、雅、省的要求。保留它的東方飲食文化風采，強化它的科學內涵和時代氣息。

精，是指菜點的數量與質量。改革宴席，既要適當控制菜點的數量與用料，防止堆盤疊碗的現象，又需改進烹製技藝，使菜品精益求精，重視口味與質地，防止粗製濫造的流弊。

全，是要求用料廣博，葷素調劑，營養配伍全面，菜點組配合理。在原料的

擇用、菜點的配置、宴席的格局上，都要符合平衡膳食的要求，使之逐步科學化。

特，是要有地方風情和民族特色，不能從東到西、由南向北都是一個「味」。對待外地賓客，在兼顧其口味嗜好的同時，還可適當安排本地名菜，發揮技術專長，顯示獨特風韻，以達到出奇制勝的效果。

雅，是指講究衛生，注重禮儀，強化酒筵情趣，提高服務質量，體現中華民族飲食文化的風采，造成陶冶情操、淨化心靈的作用。

省，一是費用可省，強化管理，控製成本，不要盲目追求高檔原料，講究排場，防止鋪張浪費；二是時間節省，一桌酒席的宴飲時間要緊湊，不可拖得太長，弄得筋疲力盡，花錢買罪受。

此外，關於進餐方式，可以採用每客一份的單上式，可以採用配置公筷的合餐制，還可採用聽從客便的自選式。它們各有利弊，不易統一，一方面要按照客人心願來確定，另一方面，傳統的大件整份菜的辦席方式也要有所突破。

第 1 章 宴席基本知識

　　「宴席」，通俗地説，就是筵席、宴會或酒席。它是多人圍坐聚餐、聊歡共樂的一種飲膳方式，是按一定規格和程序編排起來，檔次較高的一整套菜點，是人們進行交往、慶祝、紀念、遊樂等社交活動的一種禮儀。宴席的品類繁多、款式萬千。其一，它們是菜點有計劃、按比例的藝術組合，有內部的結構規律可以探尋；其二，它們應當遵循一些基本原則，注重美食和美境、美趣的關係，禮食的色彩相當濃郁。設計與製作宴席，既要瞭解它的定義、特徵、規格和類別，還須掌握它的相關環節、內在結構和基本要求。

第一節 宴席的定義和特徵

‖ 一、宴席的定義

　　宴席，又稱「筵席」或「宴會」，是指人們為著某種社交目的的需要，以一定規格的菜品、酒水和禮儀程序來款待客人的聚餐方式。它既是菜品的組合藝術，又是禮儀的表現形式，還是人們進行社交活動的工具。

　　宴席是「筵席」與「宴會」的總稱。除被稱做「筵席」和「宴會」外，還有「筵宴」、「酒宴」、「燕飲」、「會飲」等不同稱謂。這些稱謂的含義大體相同，通常等同起來使用，但嚴格説來，「筵席」與「宴會」具有一定的區別。

　　「筵席」一詞，強調的是內容，即筵席是具有一定規格質量的一整套菜點，是菜品的藝術組合。無論哪類筵席，都是有酒有菜，有飯有點，有水果還有飲料。筵席中的菜品乾稀、冷熱、葷素、鹹甜兼備，顯得豐盛、充實而又精美。

　　「宴會」一詞，則更注重宴飲的形式和聚餐的氛圍，其含義較廣。它是因民

間習俗和社交禮儀的需要而舉行的宴飲聚會,是飲食、社交、娛樂相結合的一種高級宴飲形式。由於宴會必備筵席,兩者的性質功能相近,因而常常被合稱為「宴席」或「筵宴」。

從表面看,筵席是人們精心編排與製作的一整套菜點,但筵席中的這套菜點還與聚餐目的、辦宴規格以及待客的禮儀程序有著內在的聯繫。人們使用「宴席」一詞,既強調了筵席是由豐盛的菜品所構成,又兼顧到宴會的功利性、規格化和禮儀。

二、宴席的特徵

宴席既不同於日常膳飲,又有別於普通的聚餐,就在於它具有聚餐式、規格化和社交性這三個鮮明的特徵。

所謂聚餐式,是指宴席的形式。中國宴席歷來是多人圍坐,親密交談,在歡快氣氛中進餐的。中國傳統宴席習慣於8人、10人或12人一桌,以10人一桌為主。至於桌面,雖有方形、圓形和長方形等型制,但以圓桌居多。赴宴者常由四種身分的人組成,即主賓、隨從、陪客和主人。主賓是宴飲的中心人物,常置於最顯要的位置,宴飲一切都要圍繞主賓進行;隨從是主賓帶來的客人,伴隨主賓,其地位僅次於主賓;主人即辦宴的東道主,宴席要聽從其調度與安排;陪客是主人請來陪伴客人的,有半個主人身分,在勸酒、敬菜、攀談、交際、烘托宴席氣氛、協助主人待客等方面,起著積極作用。此外,由於是隆重聚會,又有特定目的,所以菜點豐盛,接待熱情,不像平常吃飯那樣簡單隨便,「禮食」的氣氛頗為濃郁。

所謂規格化,是指宴席的內容。宴席不同於普通便餐、單點點菜,十分強調檔次和規格化。它要求菜品配套成龍,應時當令,製作精美,調配均衡,餐具雅麗,儀程井然。整個席面的冷碟、熱炒、大菜、甜食、湯品、飯食、點心、水果、蜜餞、茶酒等均須按一定質量與比例,分類組合,前後銜接,依次推進,形成某種格局和規程。與此同時,在辦宴場景裝飾上,在宴會節奏掌握上,在接待人員選擇上,在服務程序配合上,都要考慮周全,使宴飲始終保持祥和、歡快、

輕鬆的格調，給人美的享受。

所謂社交性，是指宴席的作用。宴席是菜品的藝術組合，集多種美味於一桌，它既可滿足口腹之需，又能引發談興，給人精神上的享受。尤其是在社會交際方面，宴席可以聚會賓朋，敦親睦誼；可以紀念節日，歡慶大典；可以接談工作、商務，開展交際等。所以，宴席是人們進行社交活動的工具，是中華民族好客尚禮的表現形式，是中國傳統禮俗的重要內容之一。

正因如此，古往今來，中國的筵宴隆重、典雅、精美、熱烈。不論祀筵、祭筵、燕筵和圍筵，還是國宴、專宴、家宴和便宴，都強調突出主旨和統籌規劃，注意擬定菜單和接待禮儀，講究餐室美化和席面安排，重視選用主廚和調製菜品。久之，宴席形成一套傳統規範，並作為禮俗固定下來，世代相傳，成為中華民族飲食文化的組成部分。

第二節 宴席的規格和類別

‖ 一、宴席的規格

宴席的規格又叫檔次，這是就其等級而言的。古代，在宗法思想的支配和貧富不均的影響下，宴席等級明顯，不同階級和階層的人只能享用不同等級的酒宴。例如，使用餐具，「禮祭天子九鼎，諸侯七，卿夫五、元士三也」；食品數量，「天子之豆二十有六，諸公十有六，諸侯十有二，上大夫八，下大夫六」。

現在，飲食行業和接待部門依據宴飲的不同情況，一般將宴席分為四個類別，即普通宴席、中檔宴席、高級宴席和特等宴席。衡量宴席等級的標尺，一看菜點的質量，二看原料的優劣，三看烹製的難易，四看餐館的聲譽，五看餐室的設備，六看接待的禮儀。其中，關鍵是菜點的質量，它直接決定宴席規格。

（一）普通宴席

中式普通宴席的原料多是禽畜肉品、普通魚鮮、四季蔬菜和糧豆製品，常有10%左右的低檔山珍海味充當頭菜。肴饌以鄉土菜品為主，製作簡易，講求實

惠，菜名樸實，多用於民間的婚、壽、喜、慶以及企事業單位的社交活動。

（二）中檔宴席

中檔宴席的原料以優質的禽肉、畜肉、魚鮮、蛋奶、時令蔬果和精細的糧豆製品為主，可配置20%左右的山珍海味。菜品多由地方名菜組成，取料精細，重視風味特色，餐具整齊，席面豐滿，格局較為講究，常用於較隆重的慶典或公關宴會。

（三）高級宴席

高級宴席的原料多取用動植物原料的精華，山珍海味約占40%。常配置知名度較高的風味特色菜品，花色彩拼和工藝大菜占較大的比重，菜品調理精細，味重清鮮，餐具華美，命名雅緻，文化氣質濃郁，席面豐富多彩。多用於接待知名人士或外賓、歸僑，禮儀隆重。

（四）特等宴席

特等宴席的原料多為著名的特產精品，山珍海味高達60%左右，常配置全國知名的美酒佳餚，工藝菜的比重很大，並且常以全席（如滿漢全席、海八珍席之類）的形式出現，菜名典雅，盛器名貴，席面跌宕多姿，雄偉壯觀。多接待顯要人物或貴賓，禮儀隆重。

上述四類宴席的劃分，只是大致的標準，沒有絕對的界限。為了清楚顯示宴席的規格，認真貫徹「按質論價」的銷售原則，在中國，宴席的規格通常用售價（或成本）來表示，既簡潔明了，又方便實用。但是，宴席售價只能相對體現宴席的檔次。因為，中國各地的烹調技術、物價指數和消費水平高低不一，故而宴席售價也不統一。此外，淡旺季的差異、物價的波動和企業出於競爭需要的調價，也會影響宴席價格的浮動。所以，用售價表示宴席規格，必須考慮具體時間和環境，只有在同一時間和地域裡，才較準確。

‖ 二、宴席的類別

宴席分類，通常有兩種體系：一是按宴席菜式分；二是按飲食行業習慣分。

兩種體系各有千秋，前者的好處是簡便明了，便於傳播；後者的好處是既能體現宴席的風采，還與經營特色結合緊密。

（一）按宴席菜式分

宴席，按其菜式歸類，主要有中式宴席、西式宴席和中西結合式宴席之分。

1.中式宴席

中式宴席品目眾多，體系紛繁，若按其特性劃分，可分做宴會席和便餐席兩個大類。宴會席和便餐席是中國常見的傳統宴飲形式，它按照中華民族的聚餐方式、燕飲禮儀和審美觀念編成：上中國菜點，用中國餐具，擺中國式台面，反映中國風俗習慣，展示中國飲食文化，具有儒家倫理道德觀念和五千年文明古國風情。

宴會席是中國民族形式的正宗宴席，根據其性質和主題可細分為國宴、公務宴、商務宴和親情宴等類型。宴會席的特點是形式典雅，氣氛濃重，注重檔次，突出禮儀。每桌人數固定，席位多是主人事先排定，也可由賓客相互推讓就座。整套菜品由酒水、冷碟、熱炒、大菜（包括甜食、湯品）、點心和水果組成，以熱菜為主。上菜講究程序，宴飲重視節奏，服務強調規範；適合於舉辦喜事、歡慶節日、洽談貿易、款待賓客等社交場合。飲食業所經營的宴席，以宴會席居多。

國宴，是國家元首或政府首腦為國家重大慶典，或為外國元首、政府首腦到訪以國家名義舉行的最高規格的宴會。國宴多在國家會堂、國賓館或高級飯店舉行，由國家領導人主持，相關的內閣成員作陪，宴請的對象主要是到訪的國家元首或政府首腦，也邀請各國使節及各界知名人士參加。國宴是規格最高的公務宴會，它的政治性較強，禮節儀程莊重，宴席環境典雅，宴飲氣氛熱烈。國宴所用的菜品價格檔次不一定很高，但其菜單設計、菜品製作和接待服務都要符合最高規格的禮儀要求，同時在清潔衛生和安全保衛方面也有一系列的嚴格要求。

公務宴，是指政府部門、事業單位、社會團體以及其他非營利性機構或組織因交流合作、慶功慶典、祝賀紀念等有關重大公務事項接待國內外賓客而舉行的

餐桌服務式宴席。這類宴席的主題與公務活動有關，主辦或主持人員與宴席參與人員均以公務身分出現，整個宴席比較注重禮儀形式，宴席環境布置也同宴席主題相協調，宴飲的接待規格一定要與賓主雙方的身分相一致，宴請程序相對固定。

商務宴，是指各類企業和營利性機構或組織為了一定的商務目的而舉行的餐桌服務式宴席。商務宴請的目的十分廣泛，既可以是各企業或組織之間為了建立業務關係、增進瞭解或達成某種協議而舉行，也可以是企業或組織與個人之間為了交流商業訊息、加強溝通與合作或達成某種共識而進行。隨著中國對外開放程度的加強，市場經濟的確立，商務宴會在社會經濟交往中日益頻繁，商務宴席亦成為餐飲企業的主營業務之一。

親情宴，主要是指以體現個體與個體之間情感交流為主題的餐桌服務式宴席。這類宴席的主辦者和宴請對象均以私人身分出現，它以體現人們私人情感交流為目的，與公務和商務無關。由於人與人之間情感交流十分複雜，涉及人們日常生活的各個方面，如親朋相聚、接風洗塵、紅白喜事、喬遷之喜、週年誌慶、添丁祝壽、逢年過節等，人們常常借用宴席來表達各自的思想感情和精神寄託，因此，親情宴席的主題十分豐富，常見的有婚慶宴、壽慶宴、喪葬宴、迎送宴、節日宴、紀念宴、喬遷宴、歡慶宴等。

便餐席是宴會席的簡化形式，它可細分為家宴、便宴和菜席和團體包餐等類型。其特點是菜品不多，賓客有限，不拘形式，靈活自由。肴饌不要求成龍配套，可根據賓主愛好確定（如臨時換菜、加菜、點菜），聚餐場所也能改變，還可自行服務。它類似家常聚餐，經濟實惠，輕鬆活潑，還去掉許多繁文縟節，適於接待至親好友，可以充分暢述友情。

家宴，是指在家中設置酒菜款待客人的宴席。與正式的宴會席相比，家宴主要強調宴飲活動在辦宴者家中舉行，其菜品往往由主婦或家廚烹製，由家人共同招待，它沒有複雜煩瑣的禮儀與程序，沒有固定的排菜格式和上菜順序，甚至菜點的選用也可根據賓主的愛好來確定。這類宴席溫馨和諧，輕鬆自如，最能增進人與人之間的情感交流。

便宴，是指企事業單位、社會團體或民眾個體在餐館、酒店或賓館裡所舉辦的一種普通的宴飲活動。這類宴席是一種非正式宴請的簡易酒席，規模一般不大，形式較為隨便，菜式可豐可儉，地點也可自由選定。因其不如宴會席那麼正規、隆重，故又名「便筵」。

團體包餐，是指在事先預訂後，以統一標準、統一菜式、統一時間進行集體就餐的一種形式。它可分為會議包餐、旅遊包餐及其他類型包餐。這類簡易酒席大多安排六菜一湯或八菜一湯，另加小菜若干，主食不限量，酒水自理，其規格高於家常便宴而低於普通宴會席。團體包餐的特點是：事先預訂、人多面廣、簡易就餐、集中開席、服務迅捷。

2.西式宴席

西式宴席是指菜點飲品以西餐菜品和西洋酒水為主，使用西餐餐具就餐，並按西式服務程序和禮儀服務的宴席。西式宴席的菜點常以歐美菜式為主，飲品使用西洋酒水，其餐具用品、廳堂風格、環境布局、台面設計等均突出西洋格調，如使用刀、叉等西餐用具，餐桌多為長方形。此外，西式宴會的服務程序和禮儀都有嚴格要求，這與中式宴席相比有著較大區別。目前，西式宴席在中國的涉外酒店與餐廳較為流行，根據其菜式和服務方式的不同，可分為法式宴席、俄式宴席、英式宴席和美式宴席等，此外，隨著日、韓菜式的興起，日、韓宴席在中國也有廣闊的市場，有人將其納入西式宴席的範疇。

3.中西結合式宴席

中西結合式宴席，是指鴉片戰爭之後，隨著西餐西點的傳入，西式宴會的一些菜式和食禮慢慢向中國傳統宴席滲透，並在此基礎上融匯而成的一種結合型酒筵。

這種結合型酒筵是在中國傳統宴席的基礎上，吸取西式宴席的某些長處融匯而成，它有席位固定的餐桌服務式宴席和席位不固定（或不設席位）的酒會席之分。特別是中西結合的酒會席，它有冷餐酒會、雞尾酒會、茶話會等不同形式，其特點是氣氛活潑，灑脫自然，客人允許遲到早退，用餐時間可長可短；主人周旋於賓客之間，服務員巡迴服務；冷菜為主，熱菜、點心、水果為輔。各式菜點

集中放置在一張長方桌上，席位則散置餐廳各處（有時不設座椅），賓主隨意走動，取食喜愛的菜點或飲料，自由攀談。這是中西飲食文化交流的產物，它充分尊重賓客自由，不受席規酒禮約束，便於交流思想感情和廣泛開展社交活動。同時，食品利用率高，較之正式宴會節約。

冷餐酒會，屬於自助式宴席。其舉辦場地既可在室內，又可在戶外；既可在正規餐廳，也可在花園舉行。冷餐酒會常設長桌，有時也用小桌，席位不固定，賓客可自由入座，也可站立就餐。其菜品以冷菜為主，亦可配上部分熱菜；菜餚點心一般事前擺放在餐台上，供客人自由選擇，分次取食；酒水大多事先斟好，有時也由服務人員端送。冷餐酒會適宜於正式的官方接待活動，宴飲規模可大可小，接待規格可高可低。

雞尾酒會，可視做冷餐酒會的一種特殊形式，它所提供的食品以酒水為主，尤其是雞尾酒等混合調製飲料，同時配以少量小食。雞尾酒會一般不設座椅，只放置小桌或茶几，所有客人站立進餐，方便隨意走動。這類酒會的舉辦時間較靈活，客人可在酒會進行期間任何時間到達或離開，不受約束。雞尾酒會既可作為大中型中西餐宴席的前奏活動，又可用於舉辦記者招待會、新聞發布會、簽字儀式等活動。

茶話會，是各類社團組織或企事業單位舉辦的一種以飲茶、吃點心為主的簡便招待活動。茶話會通常設在會議廳或客廳，廳內設茶几、座椅，一般不排席位，除貴賓和主人有時可安排在一起，其他人員均隨意就座。茶話會的飲品以茶為主，略備茶點和水果，沒有酒饌。這種接待活動既簡便又不失高雅，氣氛隨和而熱烈，近年來逐漸為民眾所接受。

（二）按飲食行業習慣分

這是餐館、酒樓、飯店、茶社世代相傳的宴席分類法，它按宴席的商品屬性和銷售習慣進行歸類，與宴席命名多有直接聯繫，並且特色鮮明，對實踐的指導作用較強。

1.按地方風味分

如魯菜席、蘇菜席、川菜席、粵菜席等。每種風味又可以再分，像川菜席便可分為成都菜席、重慶菜席、自貢菜席等。由於地方風味本身就是獨樹一幟的，故而這樣分類，能與餐館的經營特色相結合，使名店、名師、名菜、名點、名小吃與優質服務一體化，鄉情濃郁，便於顧客選用。

2.按菜品數目分

如三蒸九扣席、六六大順席、九九上壽席、七星席、十大碗席、四喜四全席等。如此分類，一可從數量上體現宴席規格，便於計價和調配品種；二可滿足人們企求豐盛的心態，兼顧了鄉風民俗，因而在集鎮上甚為流行。

3.按頭菜名稱分

如燕窩席、猴頭席、烤鴨席、海參席等。頭菜即宴席中的「帥菜」，它排在所有大菜的最前面，統率全席菜品。頭菜一旦確定，其他菜品便「雲從龍、鳳從虎」，各就各位，魚貫而行。用頭菜名稱分類，實質上是定出一個標竿，可以從質地上顯示檔次，也利於其他菜品配套。

4.按烹製原料分

如山珍席、海錯席、水鮮席、蔬菜席等。這樣分類，或是強調某些地方土特產品，或是突出民族飲膳風情，或是照顧宗教人士的生活習慣。由於選用的是同一大類中的不同原料，因而風味諧調，別有情趣。它雖然製作較難，但能給客人留下深刻印象。

5.按主要用料分

如全龍席、全羊席、蟹宴、藕席等。這便是常說的主料「全席」，所有菜品主料都相同，不同的只是輔料、技法和風味。由於全席主要依靠主料支撐席面，製作難度甚大，故稱「屠龍之技」，一般餐館不敢貿然掛牌供應。

6.按時令季節分

如元宵宴、端午宴、中秋宴、團年宴等。這種宴席重視選用應時當令的原料，按照季節規律調味和配菜，給人耳目一新的快感；它還以中醫學的「季節進

補說」作指導，注意配置食醫結合的滋補菜和藥膳菜，強調飲食養生，因而常常成為酒店爭奪主顧的王牌。

7.按辦宴目的分

如婚慶宴、壽慶宴、迎賓宴、謝師宴、祝捷宴等。此類宴席重視菜單的編排（如喜事排雙，喪事排單，慶婚要八，賀壽須九）以及菜名典雅吉祥（如全家福、滿堂春、龍鳳配、羅漢齋），講究菜名掌故、席面鋪陳和裝潢美化，能從心理和觀感上取悅賓客。

此外，還有以風景勝蹟分類的，如洞庭君山宴、西湖十景宴；以文化名城分類的，如洛陽水席和成都田席；以少數民族分類的，如赫哲族蝗魚宴和蒙古族全羊宴；以名特原料分類的，如長白山珍宴、黃河金鯉宴；以人名分類的，如譚家席和大千筵；以彩碟分類的，如龍鳳呈祥席和松竹梅菊席；以處所分類的，如船宴、帳篷宴等。

第三節 宴席的環節和結構

‖一、宴席的環節

在餐飲行業裡，宴席是一種特殊商品，具有使用價值和交換價值，同時具有物質生產勞動和服務性勞動，兼有加工生產、商品銷售、消費服務三種職能，經營服務過程與消費過程統一，並且在同一時間，同一空間內進行，這就決定了宴席必須存在宴席預訂、菜品製作、接待服務及營銷管理這四個前後承接的環節。

（一）宴席預訂

宴席的預訂工作屬於設計環節。它多由宴席預訂部協同餐廳主管和廚師長（主廚）合作完成。其主要任務是：根據客人的要求和餐館的條件，擬定宴席的主旨和總體規劃，編排菜點名單和接待服務程序，審議餐廳布置方案和花台裝飾，選定主廚和安排其他人員。凡此種種，都要簡明扼要地記入宴席預訂單中，將它作為「宴席施工示意圖」下發給有關部門分頭執行，並督促檢查。

（二）菜品製作

宴席菜品的製作屬於生產環節，由烹調師、麵點師共同負責。這一環節應考慮的是：原料的選用、烹製的方法、菜品的風味、餐具的配套、上菜程序的銜接、宴飲節奏的掌握以及餐飲成本的控制等，至於各項協調工作，則由有經驗的廚師長負責。廚師長要按照席單的要求，安排好採購、爐子、案子、碟子和麵點五方面的人員，一一落實任務，使每道菜點都能按質、按量、按時地送到席上。

（三）接待服務

宴席的接待與服務工作屬於服務環節，由宴會設計師和餐廳服務員負責。它考慮的是餐室美化、餐桌布局、席位安排、台面裝飾、接待規格和服務禮儀。要求做到衣飾整潔、儀容端莊、語言文雅、舉止大方、態度熱情、反應敏捷、主動、熱忱、細心、周到。由於服務人員是代表整個酒店面對面為顧客提供消費服務的，餐廳的聲譽、菜點的質量和接待的風範都要透過她們反映出來，因此，這一環節更為重要。

（四）營銷管理

宴席的營銷管理工作屬於管理環節，多由宴席銷售管理部門負責。其職位職責是負責宴席的銷售及管理工作，包括制定銷售計劃、實施營銷措施、確定銷售毛利率、降低生產損耗及營銷成本、掌控菜品質量與服務質量以及營銷結算與核算等。開展積極的營銷活動，合理控制經營成本，有效吸引客源，提高設備設施的利用率，確保宴席的質量，提高宴席的銷量，獲取最大的經濟效益和社會效益，是宴席成功的重要保證。

上述四個環節，是宴席這一統一部件中的四個有機鏈條，彼此相輔相成，缺一不可，其中任何一個環節出了差錯，都會影響全局。只有四者協調一致，配合默契，才能使宴席發揮出最佳效益。

‖ 二、宴席的結構

（一）中式宴席的構成

中式宴席儘管種類繁多，菜點各異，風味有別，檔次懸殊，但多由手碟、冷菜、熱炒、大菜、飯點、蜜果等食品組成，綜合起來，這些食品大體上分為酒水冷碟、熱炒大菜、飯點蜜果三大部分，它們有計劃、按比例地依次入席，前後呼應，一氣呵成。

1.酒水冷碟

這係宴席的「前奏曲」，主要包括冷碟、飲品，間或輔以手碟、開席湯。要求開席見喜，小巧精細，誘發食慾，引人入勝。

冷碟又稱冷盤、冷葷、冷菜或拼盤，有單碟、雙拼、三鑲、什錦拼盤和花色主碟帶圍碟、看盤帶食盤等多種形式，全係佐酒的冷食菜，講究配料、調味、拼裝和盤飾，要求量少質精、以味取勝，造成先聲奪人、導入佳境的作用。

「無酒不成席。」中式宴會席中常見的酒水有白乾、黃酒、葡萄酒、藥酒、啤酒、果汁、礦泉水和各種飲料。有些高檔宴席配有白蘭地、威士忌等「洋酒」。適量飲酒，可以興奮精神，增進食慾，增添談興，活躍宴間氣氛。

2.熱炒大菜

這是宴席的「主題歌」，全由熱菜組成（有時也可帶入點心、小吃）。它們屬於宴席的軀幹，質量要求較高，排菜應跌宕變化，好似浪峰波谷，逐步把宴飲推向高潮。

熱炒菜係指以細嫩質脆的動植物原料為主料，運用炒、炸、爆、溜等方法製成的一類無汁或略有芡汁的熱菜。它有單炒、雙炒、三炒等形式，以單炒為主，其最大特色是：色豔味鮮、嫩脆爽口。宴席中的熱炒菜一般安排2～6道，或是分散跟在大菜之後，或是安排在冷碟與大菜之間，起承上啟下的過渡作用。

大菜，又稱大件，它係宴席的主菜，素有「宴席台柱」之稱，其總體特徵是：做工考究、量大質貴，能體現宴席的規格。宴席中的大菜一般包括頭菜、葷素大菜、甜食和湯品四項；如按上菜程序細分，則又有頭菜、烤炸菜、二湯、熱葷（可靈活編排、數目不定、原料各異）、甜菜、素菜和座湯之別。

3.飯點蜜果

　　這是宴席的「尾聲」，包括飯菜、主食、點心和果品等。其目的是使宴席錦上添花、餘音繞梁。

　　飯菜是為佐飯而設置的「小菜」，以素為主，兼及葷腥，還可精選名特醬菜、泡菜或醃菜，以小碟盛裝，刻意求精，給赴宴者口角吟香的餘韻。

　　點心在正規的宴會席中必不可少。其品種較多，注重檔次，講究用料和配味。中式宴會席中的點心要求小巧玲瓏，以形取勝。

　　果品有鮮果、乾果及果製品之分，宴席中的水果主要指鮮果，一些高級宴會中有時也加配蜜餞或果脯等水果製品。宴會席中合理配用果品，可以造成解膩、消食、調配營養等作用。

　　香茗通常只用一種，講究的是將紅茶、綠茶、花茶、烏龍茶齊備，憑客選用。上茶多在入席前或撤席之後，賓主既品茶，又談心，其樂融融。

　　總之，宴席是個統一的整體，三大部分應當枝幹分明，勻稱協調。一般情況下，這三組食品在整桌宴會席中的成本比例可大致地表述如下表：

	冷　盤	熱　菜	飯後水果、點心
普通宴席	10%	80%	10%
中檔宴席	15%	70%	15%
高級宴席	20%	60%	20%

（二）西式宴席的構成

　　現代西式宴席菜品通常包括開胃菜、湯、副菜、主菜、甜食等五大類，各類具體形式如下。

1.開胃菜

　　開胃菜是指少量的、能造成開胃作用的小食，類似於中餐的冷菜。開胃菜有冷、熱之分，冷的開胃菜較酸、冷，是第一道菜；熱的開胃菜味較濃烈，是跟在湯後面的菜。

2.湯

湯是起開胃、促進食慾作用的味道鮮美的湯菜。在西餐中，湯是跟在冷開胃菜後面的，一般中午不上湯。湯在西餐中有冷湯、熱湯、清湯、濃湯之分；濃湯又有白、紅之分。另外還有一種稱為清湯的湯，清澈見底，味濃鮮美，如牛肉清湯、雞肉清湯。西餐的湯盛放在湯碗內，牛肉清湯、雞肉清湯盛放在大號咖啡杯內。

3.副菜

副菜在西餐中也稱為小盆，它可以是野味、海鮮等，一般使用8吋平盤，也可以是長盤、烤斗、烙盤、罐等餐具。副菜在西餐中烹調方法很多，可以是燴、燒、煎、炸、煮、烘等。副菜是西餐中表現力最豐富多彩的菜式。

4.主菜

主菜包括海鮮、家禽、肉類、麵食，一般量大，造型美觀，裝盤講究。在法式小型宴會中，主菜是一道表演菜，可將宴會推向高潮，同時經常跟上有清口解膩作用的蔬菜沙拉。

5.甜食

甜食包括甜沙拉、水果、奶酪、甜點心及冰淇淋，可造成飽腹和助消化的作用。

第四節 宴席的基本要求

瞭解宴席的環節，把握宴會席的結構，只是設計與製作宴席的基礎，要承辦好宴席，還須符合以下要求：

一、主題的鮮明性

宴席不是菜點的簡單拼湊，而是一系列食品的藝術組合。它要求主題鮮明，即設計與製作宴席時，應分清主次、突出重點、發揮所長、顯示風格。分清主次

指主行賓從，格調一致，一、三組菜品要視第二組菜品的需要而定。突出重點就是全席菜品中突出熱菜，熱菜中突出大菜，大菜中又要突出頭菜，使其用料、工藝與質地都明顯地高出一籌，以帶動全席。發揮所長即施展技術專長，避開劣勢，優先選用名特物料，運用獨創技法，力求振人耳目。顯示風格便是亮出名店、名師、名菜、名點、名小吃的招牌，展示當地飲食習尚和風土人情，使人一朝品食，終身難忘。以上四條是統一的，水乳交融的。川菜席就得有川味，閩菜席應當是閩鄉的風情，金陵全魚席的用料便不能有泰山赤鱗魚、東北馬哈魚，佛門全素齋必須杜絕五葷、五辛、蛋奶以及「素質葷形」的工藝菜，主題鮮明，本身就是一種明朗而和諧的美，自然具有美學價值，受人喜愛。

‖ 二、配菜的科學性

配菜是設計與製作宴席的重要環節，它表現在菜餚質與量的配合、外在感官配合以及營養配合三個方面。

菜餚質與量的配合上，須遵循「按質論價、優質優價」的配菜原則，考慮時間、地點、客人需求等因素。菜餚的數量、原料的質量、取料的精細程度以及主輔料的搭配，都應視宴席的規格而定。不論宴席檔次如何，都要保證所有的賓客吃好。

菜餚外在感官的配合上，要利用原料、刀口、烹法、味型、菜式的互相調配，使整桌宴席色、香、味、形、質、器俱佳。其間，均衡、協調和多樣化，是宴席配菜的總體要求。

宴席菜點營養的配合上，要能提供一份合理的膳食營養供給表，滿足人體多方面的需求。首先，作為宴席食品，必須無毒無害，一切含有毒素或在加工中容易產生毒素的原料，都應排除在用料之外。有些含有毒素的原料（如蛇、蠍之類）必須徹底剔除有毒部分或經加工處理除去毒素之後方可使用，保證食品絕對安全。其次，整桌菜品要能提供人體所需要的熱能和多種營養素，特別是營養素種類要齊全，搭配要合理。再次，各組食品均應有利於人體消化吸收，配菜時，還要避免營養素的相互抑制，適當限制脂肪和食鹽的用量，克服重葷輕素、菜量

過大、營養過剩的弊端。此外，國家明令保護的珍稀生物，一律不可選來做菜。

三、工藝的豐富性

不論何種宴席，都應依據不同需要靈活安排菜單，在制定菜單時，既須注意主題的鮮明、風格的統一，又應避免菜式的單調和工藝的雷同，努力體現錯綜的美。這是因為一桌宴席通常都有多道菜點，菜品愈多，愈需顯示各自不同的個性。品種、用料、調味、技法等都應多樣化。只有這樣，宴席才富於節奏感和動態美，不枯燥，不呆板，不僵化，不死氣沉沉。所以，宴席貴在一個「變」字。

四、形式的典雅性

宴席是吃的藝術，吃的禮儀，需要處理好美食與美境的關係。形式的典雅，就是要認真考慮進餐時的環境因素和愉悅情緒。為了吃得好，吃得有雅趣，應當講究餐室布置、接待禮節、娛樂雅興和服務用語。為了使宴席格調高雅，有濃郁的民族氣質和文化色彩，承辦者可將宴席安排在園林式雅廳；可在餐室適當點綴古玩、字畫、花草、燈具，或配置古色古香的家具、酒具、餐具和茶具；可按主人設宴目的選用應時應境的吉祥菜名，穿插成語典故，寄託詩情畫意；可安排適當數量的工藝大菜或圖案冷碟，展現技巧。總之，在物質享受的同時，給人精神享受，使纖巧之食與大千世界相映成趣，讓賓客感受到薰陶，品德受到涵養，有賓至如歸的歡愉感。

五、準備的周密性

宴席尤其是高級宴席，牽涉面廣，難度大，費工多，歷時長，要求高，真正辦好頗不容易。周密的準備，是宴席成功的保證。宴席的預定，特別是編擬菜單，制定方案，必須慎之又慎，重要宴席的工作方案有時還得準備兩套，第一套在執行過程中發生意外，馬上用第二套替補。菜品的製作應注意優選原料，整理設備，選定主廚，協調配合，確保菜品質量及上菜時機。接待服務更應按操作規

程進行，餐室美化、餐桌布局、席位安排、台面裝飾、宴間服務等，都應逐一落實。宴會設計師是宴席設計、菜品製作和接待服務的指揮者與組織者，必須具備一定的經營管理才能，必須熟悉整套宴席業務，立足爐案，眼觀店堂，駕馭整個宴會的進程。

‖ 六、接待的禮儀性

　　中國宴席既是酒席、菜席，也是禮席、儀席。中國宴席注重禮儀由來已久，世代傳承。這不僅是因為「夫禮之初，始諸飲食」、「燕禮所以明君臣之義也」，而且還由於禮俗是中國宴席的重要成因，透過燕飲可以達到展現禮儀，宣揚教化之目的。所以，古人強調：「設宴待嘉賓，無禮不成席」，在許多大宴中，都有鐘鼓奏樂，詩歌答奉，仕女獻舞和優人助興，這均是禮的表示，是對客人的尊重。現代中國宴席雖然廢除了舊時代的等級制度和繁文縟節，但仍保留著許多健康而有益的禮節與儀式，如發送請柬、車馬迎賓、門前恭候、問安致意、敬煙獻茶、陪伴入席、彼此讓座等。一般宴席是如此，重大國宴、專宴更是如此。除了注意上述種種問題之外，還要考慮因時配菜、因需配菜，尊重賓客的民族習慣、宗教信仰、身體素質和嗜好、忌諱，在原料篩選、菜式確定、餐具配置、上菜方式等方面，都從尊重客人、愛護客人、方便客人出發，充分體現中華民族待客以禮的傳統美德。

思考與練習

1.什麼是宴席？它有哪些主要特徵？筵席與宴會有何區別？

2.中式宴席分為哪些等級？中檔宴席有何特點？

3.中式宴席按其特性劃分，可分為哪些類型？

4.從經營管理的角度看，宴席由哪些環節構成？

5.從宴席的構成看，中式宴席主要由哪些食品構成？

6.設計與製作宴席有哪些基本要求？

第 2 章 宴席菜品知識

宴席主要由菜品酒水所構成，宴席是菜品酒水的組合藝術。學習宴席設計理論，必須掌握相關的菜品知識。

第一節 菜品的分類與命名

‖ 一、菜品的屬性

菜品，係手工食品的通稱，它由菜餚和麵點構成，主要是指透過烹調製成的食品。菜品作為食品的特異分支，既有食品的共性，又有自身的個性。

食品，是指含有一定的營養成分，人體消化吸收後能產生熱量，可以促進肌體組織生長、修復或調節的一類物質。它有安全衛生、富於營養、感官良好三大要求。人類食品種類很多，如果按其加工方法歸類，可分為直接利用的食品（天然食品）、手工製作的食品（菜品）和機械生產的食品（輕工食品）等三大門類。

菜品僅是食品中的一種，它具有食品的許多共性，如原料的安全性、營養的豐富性、製作的工藝性、品種的多樣性、食用的方便性、供應的季節性等。與此同時，菜品還是食品的特異分支，其自身的個性也相當突出。這主要表現為：用手工進行單件或小批量生產，比較精細；雖有配方但不固定，雖有規程但不拘泥；花色品種繁多，三餐四時常變；民族性、地區性、家庭性和個人嗜好性的色彩特別鮮明；多是現烹現吃，一般沒有儲藏、包裝運輸環節；與鄉風民俗緊密結合，飲食文化情韻濃厚。

由於菜品具有上述屬性，故而它是宴席設計理論的核心內容之一。掌握菜品

的這些屬性，有助於正確認識宴席的構成要素，有助於合理編制宴席菜單。

┃ 二、菜品的分類

菜品，又稱「菜點」，它的種類很多，可按多種方法進行歸類，如按時代分，有古代菜與現代菜；按原料性質分，有葷菜與素菜；按檔次分，有普通菜、中檔菜、高檔菜；按技法分，有炒菜、炸菜、蒸菜、烤菜、涼拌菜等；按國別分，有中國菜、法國菜、土耳其菜等；按其用途分，有家常菜、宴飲菜、食療菜和祭祀菜等。

在飲食行業裡，由於存在紅、白兩案的分工，人們常把紅案師傅生產的產品稱做菜餚，而將白案師傅生產的產品稱做麵點。菜餚與麵點都是烹調的產物，兩者雖有區別，但並沒有嚴格的界限。

菜餚屬菜品之主體，它由冷菜和熱菜構成。冷菜，又稱冷盤，係指用拌、熗、醃、熏、滷、凍等技法製成的，食用時溫度低於人體溫度的一類菜餚（如脆皮黃瓜、糖醋油蝦）。其最大特色為：久放不失其形，冷吃不變其味。熱菜，係指用炸、炒、煮、燒、煨、蒸、烤等技法製成的，食用時溫度高於人體溫度的各式菜餚（如北京烤鴨、大煮乾絲）。熱菜是中國人民從事餐飲活動的主要形式，其最大特色為：香醇適口，一熱三鮮。中式宴會席中的熱菜，有熱炒菜與大菜之分。

無論是冷菜還是熱菜，若按其烹製工藝的難度來區分，都有一般菜和工藝菜兩種類型。一般菜指在整體造型上顯得樸實無華的菜餚，如韭黃雞絲、黃燜肉丸；工藝菜，又稱花色菜、工藝造型菜，是指在菜品的色形方面特別考究，製作工藝比較複雜且富於藝術性的菜餚，如八寶葫蘆鴨、龍虎鳳大會。

麵點，是以米、麵、豆、薯等為主料，肉品、蛋奶、蔬果等做輔料，透過一定工序製成的食品。它的外延較寬，主要包括點心、主食和小吃等品種。

點心，又稱花點、細點，是麵點中的一個大類。它有中點與西點之分，大路點心與宴席點心之別。其主要特色是：注重款式和檔次，講究造型和配器，玲瓏

精巧，頗耐觀賞，多做席點或茶點用，如銀絲卷、金魚餃等。有些地區（如上海、廣東等地）常將麵點統稱為點心。

主食，主要包括飯、粥、麵、餅等可充當正餐的食品。一般由家庭或集體的大食堂製作，其特色十分鮮明：一是用料大多單一，調配料較少；二是品種基本固定，四季三餐變化不大；三是工藝簡便，成本低廉；四是每餐必備，常與菜餚配套。

小吃，又稱零吃、小食，係指正餐和主食之外，用於充饑、消閒的糧食製品或其他食品，也兼做早餐或夜宵，如三鮮豆皮、十八街麻花、刀削麵、東坡餅等。其特色為：一是用料葷素兼備，每分量大；二是多為大路品種，檔次偏低；三是常由攤販製作，多在街頭銷售；四是地方風味濃郁，顧客眾多。

‖ 三、菜品的命名

菜品與菜名的關係，是內容與形式的關係。一方面，內容決定形式，「名從菜來」；另一方面，形式反映內容，「菜因名傳」。給中菜命名，既可如實反映菜品的概貌，直接突現其主料，也可撇開菜品的內容而另取新意，抓住菜品的特色巧做文章。根據這一原則，可將中菜的命名方法歸納為兩類：一類為寫實法命名，另一類為寓意法命名。前者樸素明朗，名實相符，後者工巧含蓄，耐人尋味。

（一）寫實法命名

所謂寫實法命名，就是在菜名中如實反映原料的組配情況、烹調方法或風味特色，也可在菜名中冠以創始人或發源地的名稱，以做紀念。這類命名方法多是強調主料，再輔以其他因素，其常見的形式主要有如下幾種：

配料加主料，如腰果鮮貝、韭黃雞絲、蝦子香菇、青豆蝦仁。

調料加主料，如豆瓣鯽魚、咖哩雞塊、蠔油牛柳、啤酒鴨。

烹法加主料，如清蒸鯿魚、拔絲蘋果、粉蒸鯰魚、涮羊肉。

色澤加主料，如虎皮蹄膀、芙蓉魚片、白汁魚丸、金銀饅頭。

質地加主料，如脆皮乳豬、香酥雞腿、香滑雞球、軟酥三鴿。

外形加主料，如壽桃鯿魚、菊花才魚、葵花豆腐、橘瓣魚氽。

器皿加主料，如瓦罐雞湯、鐵板牛柳、羊肉火鍋、烏雞煲。

人名加主料，如麻婆豆腐、東坡肉、狗不理包子、宮保雞丁。

地名加主料，如北京烤鴨、道口燒雞、西湖醋魚、荊沙魚糕。

配料、烹法加主料，如板栗燜仔雞、臘肉炒菜苔、蟲草燉金龜、北菇氽肉片。

特色加主料，如空心魚丸、千層糕、京式烤鴨、響淋鍋巴。

（二）寓意法命名

所謂寓意法命名，就是針對顧客的好奇心理，抓住菜品的某一特色加以渲染，賦以詩情畫意，從而收到引人入勝的效果。這類命名方法主要有如下幾種形式：

模擬實物外形，強調造型藝術，如金魚鬧蓮、孔雀迎賓。

借用珍寶名稱，渲染菜品色澤，如珍珠翡翠白玉湯、銀包金。

鑲嵌吉祥數字，表示美好祝願，如八仙聚會、萬壽無疆。

借用修辭手法，講求口彩與吉兆，如早生貴子、母子大會。

敷演典故傳説，巧妙進行比襯，如霸王別姬、舌戰群儒。

從使用範圍看，一般來講，南方菜名擅長寓意，北方菜名偏重寫實；特色名貴菜追求華美，一般菜品則崇尚樸實；婚壽喜慶宴席上的菜名喜歡火暴風趣，日常便餐的菜名趨向自然、穩重樸實。

第二節 菜品的質量要求與評審

菜品由種類繁多的各式菜點所組成。每份菜點生產出來後，人們自然而然會對它的質量做出評價。其評價準確與否，關鍵在於是否把握住了菜品的質量評審標準，是否正確運用了科學的評價方法。

‖ 一、菜品的質量要求

菜品係手工食品的通稱，和其他食品一樣，它必須以食用安全、營養合理、感官良好為其質量評審標準。

食用安全是菜品作為食品的基本前提。要保證菜品食用安全，就必須保證菜點的原材料無毒無害、清潔衛生，力求烹調加工方法得當，避免加工環境汙染食品，確保菜品對人體無毒無害。

營養合理是菜品作為食品的必要條件。對於單份菜品，要儘量避免原材料所含營養素在烹調加工中的損失，適當注意原材料的葷素搭配。對於整套菜點，不僅要注意供給數量充足的熱量和營養素，而且要注意各種營養素在種類、數量、比例等方面的合理配置，以使原料中各種營養素得到充分利用。

感官良好是人們對菜品質量的更高層次的要求。要使菜點能很好地激起食慾，給人以美的享受，必須做到色澤和諧、香氣宜人、滋味純正、形態美觀、質地適口、盛器得當，並且各種感官特性應配合協調。

（一）色澤和諧

菜點的色澤包括菜點的顏色和光澤，它是評定菜點質量的重要標準之一。菜點的色澤主要來自兩方面，一是原材料的天然色澤，一是經過烹製調理所產生的色澤。所謂色澤和諧，係指菜點的色澤調配合理、美觀悅目。例如，烤乳豬、芙蓉雞片等，既可誘人食慾，又能給人以精神上的享受。具體地講：菜點的色澤要因時、因地、因料、因器而異，「或淨若秋雲，或豔如琥珀」，給人以明快舒暢之感，要能愉悅心理，活躍宴飲氣氛。

（二）香氣宜人

菜點的香氣是透過嗅覺神經感知的，它是評定菜點質量的又一重要標準。由

於菜點的香氣成分極其複雜，每道菜點的香味物質達幾十種，甚至幾百種之多，所以評定菜點的香氣通常用醬香、脂香、乳香、菜香、菌香、酒香、蒜香、醋香等進行粗略描述。所謂香氣宜人，即要求菜點的香氣純正、持久，能誘發食慾，給人以快感。為了滿足這一感官要求，烹調時常用揮發、吸附、滲透、溶解、矯臭等方法來增加菜點的香氣。無論使用哪類方法增香，都須量材施用，因料而異，只有尊重原料的本性，才能達到抑惡揚善的理想效果。

（三）滋味醇正

俗話說：「民以食為天，食以味為先。」評定菜點的質量，滋味最重要。菜點的滋味即口味，係指呈味物質刺激味覺器官所引起的感覺，它有單一味與複合味之分。所謂滋味純正，即主配料的呈味物質與調味料的呈味物質配合協調，調理得當，能夠迎合絕大多數人的口味要求。特別是一些名菜名點，其口味特徵已基本固定，評定菜點質量應以此為標準。當然，人們的口味要求並非千篇一律，所謂「物無定味，適口者珍」，說的就是口味的個性愛好。但在同一時期，同一地域內，人們的口味需求大致相同，這便是「口之於味，有同嗜焉」。評定菜點的口味，既要強調共性，又要兼顧個性。

（四）形態美觀

菜點的外形是評定菜點質量的又一重要標準。早在春秋末期，孔子就有「割不正不食」的主張。現今人們的審美意識大幅提高，就餐者對於菜餚外形美的追求與日俱增，特別是在一些高級宴會上，菜品的形態美特別為人所看重。所謂形態美觀，即菜點的外形應遵循對稱、均衡、反覆、漸次、調和、對比、節奏、韻律等形式美法則，要符合人們的審美要求。具體地講，一般菜應做到刀口規範、整齊劃一、分量適宜、配搭合理；工藝菜則應在構思和布局上分賓主、講虛實、重疏密、有節奏，使形似與神似相輔相成，以便具有較高的觀賞價值。

（五）質地適口

評定中菜的感官質量，當首推口味，其次就是質地。菜點的質地是菜點與口腔接觸時所產生的一種觸感覺。它有細嫩、滑嫩、柔軟、酥鬆、焦脆、酥爛、肥糯、粉糯、軟爛、黏稠、柴老、板結、粗糙、滑潤、外焦內嫩、脆嫩爽口等多種

類型。菜點的質地與原材料的結構和組成聯繫緊密，它主要由菜品原料和烹製技法確定。所謂質地適口，即菜點的質地要能給口腔內的觸覺器官帶來快感。例如，粉皮的滑爽、蛋糕的綿軟、清燉蓮子的粉糯、白汁魚丸的滑嫩等，都是耐人尋味的。要使菜點質地適口，就得隨菜選料、因料施藝，切不可胡亂調排，違背了工藝準則。

（六）盛器得當

盛器也是評定菜品質量的標準之一，它的作用不僅僅是用來盛裝菜點，還有加熱、保溫、映襯菜點、體現規格等多種功能，故人們常說，美食不如美器。所謂盛器得當，即盛器與菜點配合協調，能使菜點的感官質量得以完美體現。具體地講，盛器的大小應與菜點的分量相稱，形制要與菜點的外形配合，色調要與菜點的色澤相協調，規格要與菜點的檔次一致，並要揚菜之長，補菜之短，起好陪襯作用。特別是宴席中的盛器，還須配套成龍，以便體現宴席的規格。

總之，安全、營養和美感是評定菜品質量的三個重要因素，也是菜品製作需要達到的質量標準。其中，感官良好最重要，人體感官對菜點色、香、味、形、質、器的綜合感覺往往可以判定出菜品質量的好壞程度。

‖ 二、菜品質量的評審

全面評價菜品質量的好壞，必須從安全、營養和美感三個方面進行綜合考察。菜品質量的評價方法有理化分析、生物分析和感官分析三種。其中，理化分析和生物分析主要用於評價菜點的安全和營養，其操作要借助一定的儀器設備或者在特定的環境中進行。感官分析多用於評價菜點的各種感官特性及其綜合效果。其操作簡便易行，是中國目前用於評價菜點質量的主要方法。

菜品的感官分析法，就是評判人員對菜品的感官特性做逐項或綜合分析，從而得出評價結果的方法。它具有傳統的專家評定法、現代分析型感官分析法和偏愛型感官分析法等幾種。

分析型感官分析把人的感官作為儀器使用，它以生理學和心理學為基礎，以

統計學作保證，這在很大程度上彌補了原始感官分析的缺陷，現已在世界各國食品行業中得到廣泛應用，但其分析結果仍然受主觀意志的干擾。為了降低個人感覺之間差異的影響，提高評價結果的準確性，使用此法時，必須注意評價基準的標準化、試驗條件的規範化和評審要求的嚴格化。

菜點評審結果的處理方法有平均法、去偶法、加權平均法、模糊關係法等。這些方法可根據需要酌情擇用。

平均法，即把評出的某一菜餚的總分相加，除以評判人數。該方法簡便易行，但評判結果受主觀因素影響較大。

去偶法，即在各評判員所評總分中去掉一個最高分和一個最低分，再用平均法計算。此法較之平均法，可在某種程度上避免一些主觀因素的影響。

加權平均法，即把一個菜餚分成若干項目評分，各項得分採用平均法處理後，乘以權重（各項目滿分占總滿分的比例），再除以項目數。該方法綜合考慮了各項目所占的比重，計算略顯複雜，可借助電腦處理。

模糊關係法，即用模糊數學中的模糊關係對菜餚感官分析的結果進行綜合處理的方法。該方法可彌補上述方法的不足，但數據處理較複雜，必須用電腦來處理。

第三節 中國菜品的主要風味流派

宴席的設計與製作，首先必須確定好宴席價格、宴會主題以及宴席的風味特色等核心目標。特別是宴席菜品的風味特色，它是宴席設計的基礎，與當地菜品的主要特色風味聯繫緊密。

由於地理環境、氣候物產、宗教信仰以及民族習俗諸因素的影響，長期以來在某一地區內形成，有一定親緣承襲關係，菜點風味特色相近，知名度較高，並為部分群眾喜愛的傳統膳食體系稱為地方風味流派，又被稱做地方風味。在中國，人們常將一些著名的地方風味流派稱做菜系。其中，魯菜、川菜、蘇菜和粵菜為「四大菜系」，加上浙菜、閩菜、徽菜、湘菜、京菜和鄂菜，即為「十大菜

系」。此外，中國麵點也有京式、廣式和蘇式三大流派，它們各具一定的特色風味。

‖ 一、中國菜品的四大風味流派

（一）山東菜

山東菜，又稱魯菜或齊魯風味，它係華北地區肴饌的典型代表，中國著名的「四大菜系」之一。

山東菜主要由濟南菜、濟寧菜和膠東菜構成，其主要的風味特色是：鮮鹹、純正，善用麵醬，蔥香突出；原料以海鮮、水產與禽畜為主，重視火候，精於爆、炒、炸、扒，擅長制湯和用湯，海鮮菜功力深厚；裝盤豐滿，造型古樸，菜名穩重樸實，敦厚莊重，向有「堂堂正正不走偏峰」之譽；受儒家學派膳食觀念的影響較深，具有官府菜的飲饌美學風格。

山東菜的代表品種有：蔥燒海參、德州扒雞、清湯燕菜、奶湯雞脯、九轉大腸、油爆雙脆、糖醋鯉魚、青州全蠍、泰安豆腐等。

（二）四川菜

四川菜又稱川菜或巴蜀風味，它係西南地區肴饌的典型代表，中國著名的「四大菜系」之一。

四川菜主要由成都菜（上河幫）、重慶菜（下河幫）、自貢菜（小河幫）構成。其主要的風味特色是：「尚滋味，好辛香」，清鮮醇濃並重，以善用麻辣著稱；選料廣博，粗料精做，以小煎、小炒、乾燒、乾煸見長；獨創出魚香、家常、陳皮、怪味等20餘種複合味型，有「味在四川」的評定；小吃花式繁多，口碑良佳，具有物美價廉、雅俗共賞、居家飲膳色彩和平民生活氣息濃烈。

四川菜的代表品種有：毛肚火鍋、宮保雞丁、麻婆豆腐、開水白菜、家常海參、水煮牛肉、乾燒岩鯉、魚香腰花、泡菜魚等。

（三）江蘇菜

江蘇菜又稱蘇菜、蘇揚風味。它是華東地區肴饌的典型代表，中國著名的「四大菜系」之一。

江蘇菜主要由金陵風味、淮揚風味、姑蘇風味和徐海風味構成。其主要的風味特色是：清鮮平和，鹹甜適中；組配謹嚴，刀法精妙，色調秀雅，菜形清麗，食雕技藝一枝獨秀；擅長燉、燜、煨、焐、烤；魚鴨菜式多，筵宴規格高，園林文化和文士飲膳的氣質濃郁，餐具相當講究。

江蘇菜的代表品種有：松鼠鱖魚、大煮乾絲、清燉蟹黃獅子頭、三套鴨、水晶肴蹄、金陵桂花鴨、叫化雞、清蒸鰣魚、拆燴鰱魚頭等。

（四）廣東菜

廣東菜又稱粵菜或嶺南風味，它係華南地區肴饌的典型代表，中國著名的「四大菜系」之一。

廣東菜主要由廣州菜、潮州菜、東江菜和港式粵菜構成。其主要的風味特色是：生猛、鮮淡、清美，具有熱帶風情和濱海飲膳特色；用料奇特而又廣博，技法廣集中西之長，趨時而變，勇於革新，飲食潮流多變；點心精巧，大菜華貴，設施和服務一流，有「食在廣州」的美譽，肴饌的商品氣息特別濃烈，商賈飲食文化是其靈魂。

廣東菜的代表品種有：三蛇龍虎鳳大會、金龍脆皮乳豬、豉汁蟠龍鱔、大良炒牛奶、白斬雞、白雲豬手、清蒸鱸魚、冬瓜盅等。

┃二、中國菜品的其他主要風味流派

除魯、川、蘇、粵四大風味流派之外，浙、閩、徽、湘、京、鄂等其他風味流派也頗具特色，它們是中菜主要風味流派的傑出代表。

（一）浙江菜

浙江菜又稱浙菜、錢塘風味，主要由杭州菜、寧波菜、紹興菜和溫州菜構成。其主要的風味特色是：醇正、鮮嫩、細膩、典雅，注重原味，鮮鹹合一；擅

長調製海鮮、河鮮與家禽，輕油、輕漿、輕糖，注重香糯、軟滑，富有魚米之鄉的風情；主輔料強調「和合之妙」，講究菜品內在美與外觀美的統一，以秀麗雅緻著稱；掌故傳聞多，文化品位高，保留了古越菜的精華，隨著旅遊業的昌盛而昌盛。

浙江菜的代表品種有：西湖醋魚、龍井蝦仁、冰糖甲魚、宋嫂魚羹、東坡肉、西湖蓴菜湯、乾炸響鈴、鍋燒鰻魚等。

（二）福建菜

福建菜又稱閩菜、八閩風味，主要由福州菜、閩南菜和閩西菜構成。其主要的風味特色是：清鮮、醇和、葷香、不膩，重淡爽，尚甜酸，善於調製山珍海味；精於炒、蒸、煨三法，習用紅糟、蝦油、沙茶醬、橘子汁等佐味提鮮，有「糟香滿桌」的美譽；湯路寬廣，收放自如，素有「一湯十變」、「百湯百味」之說；餐具玲瓏小巧而又古樸大方，展示髹漆文化的獨特風采。

福建菜的代表品種有：佛跳牆、太極芋泥、龍身鳳尾蝦、淡糟香螺片、雞湯氽海蚌、通心河鰻、荔枝肉、橘汁加力魚等。

（三）安徽菜

安徽菜又稱徽菜或徽皖風味，主要由皖南菜、沿江菜和沿淮菜構成。其主要特色為：擅長製作山珍野味，精於燒燉、煙熏和糖調，講究「慢工出細活」，有「吃徽菜，要能等」的說法；重油、重色、重火功，鹹鮮微甜，原汁原味，常用火腿佐味，用冰糖提鮮，用芫荽和辣椒配色；菜式質樸，筵宴簡潔，重茶重酒重情義，反映出山民、耕夫、漁家和商戶的誠摯；受徽州古文化和徽商氣質的影響較大，古樸、凝重、厚實。

安徽菜的代表品種有：無為熏雞、清蒸鷹龜、八公山豆腐、軟炸石雞、酥鯽魚、符離集燒雞、李鴻章雜燴、魚咬羊等。

（四）湖南菜

湖南菜又稱湘菜或瀟湘風味，主要由湘江流域菜、洞庭湖區菜和湘西山區菜構成。其主要的風味特色是：以水產和熏臘原料為主體，多用燒、燉、臘、蒸諸

法，尤以小炒、滑炒、清蒸見長；味濃色重，鹹鮮酸辣，油潤醇和，薑豉突出，肴饌豐盛大方，花色品種眾多；民間菜式質樸無華，山林與水鄉氣質並重；受楚文化的薰陶很深，以「辣」、「臘」二字馳譽中華食壇。

湖南菜的代表品種有：臘味合蒸、瀟湘五元龜、翠竹粉蒸鮰魚、霸王別姬、組庵魚翅、冰糖湘蓮、麻辣子雞、東安雞、柴把鱖魚等。

（五）北京菜

北京菜又稱京菜或燕京風味，主要由宮廷菜、官府菜、清真菜和移植改造的山東菜構成。其主要的風味特色是：選料考究，調配和諧，以爆、烤、涮、　、扒見長，菜式門類齊全，酥脆鮮嫩，湯濃味足，形質並重，名實相符；市場大，筵宴品味高，服務上乘，以「烤鴨」和「仿膳菜」為代表，吸收了華夏飲食文化的精粹。

北京菜的代表品種有：北京烤鴨、涮羊肉、三元牛頭、黃燜魚翅、羅漢大蝦、柴把鴨子、三不黏、白肉火鍋等。

（六）湖北菜

湖北菜又稱鄂菜或荊楚風味，主要由漢沔風味、荊南風味、襄鄖風味和鄂東南風味四大流派構成。其主要風味特色是：水產為本，魚菜為主；擅長蒸、煨、燒、炸、炒，習慣雞鴨魚肉蛋奶糧豆合烹，魚氽技術冠絕天下；菜餚汁濃芡亮，口鮮味醇，重本色，重質地，為四方人士所喜愛；受楚文化的影響較深，富於魚米之鄉的風情，反映出「九省通衢」的都市飲饌文化風格。

湖北菜的代表品種有：清蒸武昌魚、臘肉炒菜苔、紅燒鮰魚、冬瓜鱉裙羹、荊沙魚糕、沔陽三蒸、瓦罐煨雞湯、江陵千張肉等。

‖ 三、中國麵點的主要風味流派

中式麵點品種繁多，風格各異。總體來講，它有京式、蘇式和廣式三大流派。

（一）京式麵點

京式麵點以北京為中心，旁及黃河中下游的魯、津、晉、豫等地。習以小麥麵粉為主料，擅長調製麵糰，有抻麵、刀削麵、小刀麵、撥魚麵四大名麵，工藝獨具。其風味特色是：質感爽滑，柔韌筋道，鮮鹹香美，軟嫩鬆泡。

京式麵點的代表品種有：北京的龍鬚麵、小窩頭、艾窩窩、肉末燒餅；天津的狗不理包子、十八街麻花和耳朵眼炸糕；山東的蓬萊小麵、盤絲餅和高湯水餃；山西的刀削麵、撥魚兒等；河北的杠打饃和一簍油水餃；河南的沈丘貢饃、博望鍋盔等。

（二）蘇式麵點

蘇式麵點以江蘇為主體，活躍在長江下游的滬、浙、皖等地。主麵與雜糧兼作，精於調製糕糰，造型纖巧，有寧滬、金陵、蘇錫、淮揚、越紹、皖贛等支系。其風味特色是：重調理，口味厚，色深略甜，餡心講究摻凍，形態豔美。

蘇式麵點的代表品種有：江蘇的淮安文樓湯包、揚州富春三丁包、蘇州糕糰、黃橋燒餅；上海的南翔饅頭、小紹興雞粥、開洋蔥油麵；浙江的寧波湯圓、五芳齋粽子、西湖藕粉；安徽的烏飯糰和籠糊等。

（三）廣式麵點

廣式麵點以廣東為典型代表，包括珠江流域的桂、瓊和閩、臺等地。善用薯類和魚蝦做胚料，大膽借鑑西點工藝，富於南國情味，茶點與席點久享盛名。其特色風味是：講究形態、花式與色澤，油、糖、蛋、奶用料重，餡心晶瑩，造型纖巧，清淡鮮滑。

廣式麵點的代表品種有：廣東的叉燒包、蝦餃、沙河粉和娥姐粉果；廣西的馬肉米粉、太牢燒梅、月牙樓尼姑麵；海南的竹筒飯、海南粉和芋角；福建的鼎邊糊、蠔仔煎和米酒糊牛肉；臺灣的蛤子燙飯和椰子糯米糰。

第四節　菜品的價格核算與定價

　　核算菜品的成本，確定菜品的價格，應遵守一定的操作規則。只有綜合考慮企業、市場、顧客三方面的影響因素，採用合理的定價方法，才能定出合理的菜品價格。

一、菜品成本的核算

　　菜品的成本，即餐飲業用於製作和銷售菜品時所耗費用或支出的總和，它可劃分為生產、銷售和服務等三種成本。在飲食行業裡，由於餐飲經營的特點是產、銷、服務統一在一個企業裡實現，除原材料成本，其他如職工工資、管理費用等，很難分清屬於哪個環節，很難分別核算，所以，飲食品的成本只以構成飲食產品的原材料耗費和烹製過程中的燃料耗費為其成本的基本要素，不包括生產中其他的一切費用。原材料和燃料以外的其他各種費用，均另列項目，納入企業的經營管理費用中計算。

　　菜品成本的計算公式可表述為：

$$菜品成本 = 原材料成本 + 燃料成本$$
$$= 主料成本 + 配料成本 + 調料成本 + 燃料成本$$

　　菜品的原材料成本包括構成菜品的主料、配料、調料耗費和這些原材料的合理損耗；在加工製作過程中包裹菜點的材料費；在外地採購原料的運輸費用；在外單位倉庫儲存冷藏原料的保管費等。

　　菜品的燃料成本，包括菜品製作過程中所消耗的煤炭、煤氣、燃油、電力、木柴等各種燃料的實際耗費。

　　例如，三五酒店生產油爆腰花1份，用去了淨豬腰225克，用去的調配料計價約2元，燃料費為0.4元，若鮮豬腰的市場售價為32元／千克，淨料率為75%，試計算該菜的原材料成本和產品成本。

　　解：根據題意可知：

　　主料的毛料重量為：225÷1000÷75%=0.3（千克）

主料成本為：0.3×32=9.6（元）

原材料成本為：9.6+2=11.6（元）

產品成本為：11.6+0.4=12（元）

答：該菜的原材料成本為11.6元，產品成本為12元。

‖ 二、菜品價格的核算

價格是商品價值的貨幣表現。合理核算宴席菜品的價格，既可實現菜品成本核算的目的，又有助於根據宴席的定價編制宴席菜單。

（一）菜品價格的構成

餐飲價格應包括從生產到消費的全部支出和各環節的利潤、稅金。由於餐飲產品在加工和銷售過程中，除原材料成本和燃料耗費可以單獨按品種核算外，其他各種費用很難分開核算。所以，只把原材料耗費和燃料耗費作為產品成本要素，而將生產經營費用、稅金和利潤合併在一起，稱為「毛利」，用以計算餐飲產品的價格。因此，餐飲產品（菜品）的價格構成，通常用下列公式表示：

$$產品價格 ＝ 產品成本 ＋ 生產經營費用 ＋ 稅金 ＋ 利潤$$
$$＝ 產品成本 ＋ 毛利額$$

餐飲產品的毛利額，是由所消耗的生產經營費用、稅金以及利潤構成的。

生產經營費用：其包括加工生產和銷售餐飲產品過程中所支付的水電費、物料消耗、工資、福利費、折舊費、家具用具攤銷和其他費用等項目，一般應按同種經營類型、同等企業正常經營的中等合理費用水平計算。

稅金：稅金按國家稅法規定的稅率計算，如營業稅、所得稅等。

利潤：其包括加工生產和消費服務的利潤。

（二）菜品的毛利率及計算

餐飲產品的價格要體現價值規律和供求關係，在保持相對穩定的基礎上，堅

持以合理成本、費用、稅金加合理利潤的原則制定餐飲價格。

菜品的價格主要由菜品成本及其毛利率確定。所謂毛利率,即毛利額與成本、與銷售價格的比率,它有成本毛利率與銷售毛利率之分。銷售毛利率指毛利額占產品售價的百分比,成本毛利率指毛利額占產品成本的百分比。其計算公式分別為:

銷售毛利率=毛利額÷產品售價×100%

成本毛利率=毛利額÷產品成本×100%

例如,豔陽天酒店生產宴席一桌,售價為1000元,在生產過程中,耗用的主料成本為327元,配料成本為173元,調料成本為60元,燃料費用為40元,試計算該酒席的成本毛利率和銷售毛利率。

解:根據題意可知:

該席的產品成本為:327+173+60+40=600(元)

該席的毛利額為:1000-600=400(元)

該席的成本毛利率為:400÷600×100%=66.67%

該席的銷售毛利率為:400÷1000×100%=40%

答:這桌酒席的成本毛利率為66.67%,銷售毛利率為40%。

毛利率是根據酒店的規格檔次及市場供求情況規定的毛利率幅度,故又稱計劃毛利率。銷售毛利率與成本毛利率均可表示餐飲產品毛利幅度,由於財務核算中許多計算內容都是以銷售價格為基礎的,所以,中國多數地區常以銷售毛利率來計算和核定餐飲產品的價格。如無特別申明,通常所說的毛利率均指銷售毛利率。

與銷售毛利率聯繫緊密的有成本率。所謂成本率,即產品成本占產品售價的百分比。毛利率+成本率=1。

(三)菜品銷售價格的核算

在精確地核算了菜品成本和合理地核定了毛利率後，就可以核算出菜品的銷售價格。

由於毛利率有銷售毛利率和成本毛利率之分，計算菜品價格的方法也有銷售毛利率法和成本毛利率法兩種。

1.銷售毛利率法

銷售毛利率法，又稱內扣毛利率法，是運用毛利與銷售價格的比率計算菜品價格的方法。其公式可表述為：

產品售價=產品成本÷（1－銷售毛利率）

例如，小四川酒家生產魚香肉絲一盤，用去豬肉250克（每千克售價24元），用去的冬筍絲等配料計價0.8元，用去的食油、魚香味汁等調料計價1.0元，如果該菜的燃料費用為0.45元，銷售毛利率為45%，試問該菜的銷售價格應為多少元？

解：根據題意可知：

該菜的原材料成本為：250÷1000×24+0.8+1.0=7.8（元）

該菜的產品成本為：7.8+0.45=8.25（元）

該菜的銷售價格為：8.25÷（1-45%）=15（元）

答：每盤魚香肉絲的售價為15元。

用銷售毛利率法計算菜品價格，對毛利額在銷售額中的比率一目瞭然，有利於管理，是餐飲業物價人員、財會人員計算菜品價格普遍採用的方法。

2.成本毛利法

成本毛利法，又稱外加毛利率法，是以產品成本為基數，按確定的成本毛利率加成計算出價格的方法。用公式可表述為：

產品售價＝產品成本×（1＋成本毛利率）

例如，顧客在醉江月酒樓預定中級宴席一桌，售價為800元，如果該酒店的

成本毛利率為60%，試問該宴席的產品成本應為多少元？若冷菜、熱炒大菜、點心和水果分別占宴席成本的16%、70%、14%，試計算這三類菜品所要耗用的成本。

解：根據成本毛利率法公式可得：

該宴席的產品成本為：800÷（1+60%）=500（元）

冷菜的成本為：500×16%=80（元）

熱炒大菜的成本為：500×70%=350（元）

點心水果的成本為：500×14%=70（元）

答：該宴席的產品成本應為500元，其中，冷碟、熱炒大菜、點心水果的成本分別為：80元、350元和70元。

用成本毛利率法計算菜品價格，簡便實用，它是餐廳內部廚務人員經常使用的計價方法。

▍三、菜品的定價方法

菜品的定價方法較多，用毛利率公式計算菜品價格的方法使用最廣泛，習稱為毛利率法。此外，跟隨定價法、係數定價法等方法也時常使用。

（一）毛利率定價法

毛利率定價法主要有成本毛利法（外加毛利率法）和銷售毛利率法（內扣毛利率法）兩種，對此本節「菜品銷售價格的核算」已做介紹。

（二）跟隨定價法

所謂跟隨定價法，又稱隨行就市法，就是以同業競爭對手的價格為依據，對菜品進行定價的方法。這種定價方法尤其適合經營質態相同的餐飲企業。

跟隨定價法還適用於隨市場變動靈活定價。一些節令性原料，在其大量上市之前，以此製成的菜品價格較高；待其大量上市後，價格自動向下調整。此外，

在經營的旺淡季、不同的營業時段，可以推出不同的銷售價格，以吸引顧客，刺激消費。

（三）係數定價法

所謂係數定價法，即是以菜品的產品成本乘以定價係數，得出菜品的銷售價格。這種方法既適合於單個的菜餚定價，也可運用於宴席整套菜點的定價。這裡的定價係數，即該企業計劃成本率的倒數。

例如，格林豪泰酒店生產高級筵席一桌，用去的產品成本總計640元，已知該酒店規定的成本係數為2.5，試計算該酒席的銷售價格並驗證「定價係數，即企業計劃成本率的倒數」。

解：根據係數定價法可知，

該宴席的銷售價格為：640×2.5=1600（元）

該宴席的毛利額為：1600－640=960（元）

該宴席的銷售毛利率為：960÷1600×100%=60%

該宴席的成本率為：1－60%=40%成本率40%的倒數即為2.5（定價係數）。

第五節 菜品的銷售清單——菜單

菜單，即餐飲部門為賓客所制定的不同種類的飲食品的清單。餐飲部門將所要供應的飲食品進行合理組合，並將其名稱（含價格）按一定順序排列於優質的紙張上，並加以裝幀，即形成了菜單。

菜單是餐飲工作的計劃書，是餐飲產品的名稱和價格一覽表。它反映了餐廳的經營特色，體現了餐廳的管理水平；它既是溝通經營者與消費者的橋梁，也是餐飲促銷的藝術品和宣傳品，每位廚務人員不能不熟悉和掌握各式菜單。

一、單點菜單

　　單點菜單，它是餐廳的基本菜單，使用最廣泛。單點菜單的特點是菜品種類較多，分門別類，賓客可根據個人喜好自由選擇，並按價付款。中式單點菜單的菜點排列常因餐廳而異，多數是按菜品類別及原料構成分類，如冷菜類、海鮮類、河鮮類、畜獸類、禽鳥類、蛋奶類、蔬菜類、湯羹類、點心類、主食類、水果類。有些酒店，為了展示本店的特色風味，有時設專類供應其特色風味菜品（每日特色菜），有時還以餐具或烹調方法為分類依據，如火鍋類、鐵板類、煲仔類、原盅類、燉品類、燒烤類、蒸菜類等。分類雖有交叉，但更能展示其特色風味，有利於菜品的介紹與促銷。

　　單點菜單有早餐菜單、午晚餐菜單和客房送餐菜單之分。早餐菜單較簡單，分中式、西式兩種，服務要求迅速，使賓客盡快享用，以便盡早開始一天的活動和工作。午晚餐菜單，即正餐菜單，菜點品種齊全，質量較高，除固定菜餚以外，還可外加每日特菜，此類菜單最常見。客房送餐菜單的菜餚品種多，但每盤分量較少，菜餚製作精細，價格相對較高。

　　單點菜單上的菜點通常按大、中、小盤論價，每道菜點都有單獨價格，有些菜餚是時價，有些名貴海鮮則是按重量論價。下面是湖北一美食城的一份單點菜單，可供參考。

　　湖畔美食城菜單

　　特選精品

　　祕製竹夾蛇 88元／份

　　蔥燒武昌魚 32元／份

　　椒鹽蒜香骨 32元／份

　　滷水童子甲 22元／隻

　　京式片皮鴨 66元／份

　　剁椒蒸魚頭 30元／份

　　香菇燜蹄花 32元／份

酥炸石丁魚 35元／份

鹽焗沙蝦 66元／份

錫紙包鵪鶉 8元／隻

雞腎牛筋煲 58元／份

臘豬蹄鍋仔 48元／份

透味涼菜

滷水鴨掌 5元／隻

糖醋油蝦 14元／份

白切嫩雞 14元／份

脆皮乳鴿 32元／份

麻辣魚條 14元／份

水晶鳳爪 20元／份

涼拌海蜇 20元／份

蜜汁叉燒 20元／份

蒜泥白肉 14元／份

滷水牛腱 18元／份

芝麻香芹 8元／份

椒麻肚絲 16元／份

涼拌泥蒿 18元／份

脆皮黃瓜 10元／份

雙色泡菜 10元／份

豆豉鯪魚 14元／份

滷味雙拼 28元／份

九色攢盒 68元／份

生猛海鮮

澳洲龍蝦（椒鹽、蒜蓉蒸、上湯焗）　　時價

活黃花魚（清蒸、紅燒、糖醋）預訂　　時價

活螃蟹（清蒸、薑蔥炒）　　時價

加州鱸魚（蔥燒、清蒸）　　48元／份

活扇貝（清燉、豉汁蒸）　　60元／份

活甲魚（清燉、清蒸、黃燜、紅燒）　　70元／份

沙蝦（白焯、椒鹽、蒜蓉開邊）　　88元／份

大王蛇（涼拌蛇皮、椒鹽蛇肉、八寶蛇羹）　　議價

活石斑魚（清蒸、紅燒）預訂　　議價

淡水魚鮮

豆瓣鯽魚 28元／份

紅燒鯰魚 34元／份

沙灘鯽魚 28元／份

剁椒蒸牛蛙 32元／份

粉蒸鯰魚 38元／份

辣子牛蛙腿 38元／份

炒生魚片 30元／份

清蒸武昌魚 35元／份

三色魚絲 30元／份

乾燒鯿魚 26元／份

菊花才魚 38元／份

豉油蒸鯇魚 24元／份

才魚燜藕 32元／份

紅燒肚檔 25元／份

紅燒鮰魚 時價

煎糍粑魚 26元／份

三鮮魚肚 時價

魚子燒豆腐 22元／份

乾燒鯉魚 24元／份

黃燜魚方 28元／份

乾燒刁子魚 28元／份

菜心魚丸 30元／份

清蒸鱖魚 48元／份

茄汁魚餅 30元／份

乾燒鱖魚 48元／份

水煮鱔片 32元／份

珊瑚鱖魚 88元／份

馬鞍魚橋 36元／份

畜獸奶類

水煮牛肉 32元／份

豉椒炒牛柳 32元／份

紅燒牛尾 42元／份

滷蛋燒牛脯 40元／份

臘魚燒肉 34元／份

糖醋直排 30元／份

川味回鍋肉 26元／份

孜然羊肉串 28元／份

黃燜肉丸 26元／份

椒鹽蹄花 32元／份

魚香肉絲 18元／份

三鮮鍋巴 25元／份

油爆腰花 30元／份

蒜瓣燜兔肉 42元／份

水煮腰片 28元／份

脆炸鮮奶 24元／份

禽鳥蛋類

楚鄉辣子雞 32元／份

母子大會 48元／份

豆豉燒鳳爪 30元／份

啤酒鴨 32元／份

腰果雞丁 26元／份

醬燒野鴨 48元／份

江城醬板鴨 38元／份

京式烤鴨 52元／份

椒鹽蛋捲 28元／份

板栗燜仔雞 30元／份

雞腰燒鵪鶉 42元／份

韭黃雞絲 20元／份

白椒炒雞雜 35元／份

香烤乳鴿 時價

孜然鵪鶉 30元／份

虎皮鵪鶉蛋 22元／份

鐵板鮮魷 35元／份

鐵板雞腎 48元／份

鐵板牛柳 28元／份

鐵板三鮮 30元／份

什錦火鍋 48元／份

雙元火鍋 45元／份

精美靚湯

沙鍋牛尾湯 48元／份

沙鍋土雞湯 35元／份

毛肚火鍋 55元／份

羊肉火鍋 45元／份

蓮藕排骨湯 26元／份

瓦罐雞湯 38元／份

人參烏雞湯 38元／份

杏元燉水魚 68元／份

參氏乳鴿湯 68元／份

魚頭豆腐湯 35元／份

鳳凰玉米羹 16元／份

什錦果羹 22元／份

時令蔬果

清炒時蔬 時價

臘肉炒菜苔 18元／份

臘味炒泥蒿 30元／份

臘味荷蘭豆 24元／份

松仁玉米 24元／份

乾煸藕絲 18元／份

口蘑菜心 18元/份

植蔬四寶 32元／份

油燜雙冬 24元／份

拔絲馬蹄 20元／份

拔絲鮮果 22元／份

鮮果拼盤 28元／份

麵食點心

金銀饅頭 12元／份

黃金餅 22元／份

蔥煎包 16元／份

椰蓉小包 18元／份

雙色蛋糕 25元／份

三鮮蒸餃 18元／份

叉燒酥 20元／份

香酥麗蓉合 24元／份

香炸春捲 16元／份

軟餅 14元／份

三鮮炒花飯 16元／份

三鮮麵 14元／斤

‖ 二、套餐菜單

套餐是指由餐廳提供的、已固定配套的菜點。其特點是成套供餐，冷菜、熱菜、湯菜、甜食等按一定比例安排，菜品規格不一，可供客人成套選擇。套餐作為西餐的一種主要的供餐形式，起源於中世紀歐洲的一些飯店裡，後來一些公司常常用它招待客商，或作為公司商務活動的「例行便宴」，所以套餐又稱「公司菜」。在中國，上海、廣州、天津、青島等地，現今的一些三資企業、外資企業中有些老闆、客戶和公司裡的職員也經常選用套餐。

套餐包括早餐、午餐和晚餐，它以西式套餐為主，也有中式套餐。西式套餐是將開胃菜、麵包、奶油、牛排等配套成組，而中式套餐則是將葷素菜、湯菜、主食、水果等配成一套，它與西式套餐特點相同，但菜式不一。

套餐菜單，又稱定食菜單，它為賓客所提供的菜點以一個固定的價格標出，每道菜點沒有單獨的價格，客人不能隨意選擇其中的某一菜點，而只能按照一個固定的價格付款。套餐菜單有的是先定下價格，然後根據價格配置菜餚品種；有的是先配成菜點，然後根據內容確定價格。套餐菜單有高、中、低不同的規格，

可供不同消費層次的賓客選用，簡單低價的套餐菜單亦可作為快餐菜單使用。

值得注意的是，套餐菜單因菜餚、點心等組合內容固定、價格固定，顧客選擇餘地較小，不大容易得到滿足，所以瞭解賓客嗜好，合理設計菜單更具特殊意義。

下面是西式和中式兩例套餐菜單，可供參考。

例1：西式套餐菜單

早餐：燴水果、蔥頭炒蛋、炸魚餅、麥片粥、烤麵包、奶油、果醬、咖啡。

午餐：大蝦杯、牛尾湯、炸魚餅、黑胡椒牛排、蔬菜線沙拉、炸香蕉、麵包、奶油、咖啡。

晚餐：海鮮杯、含羞草清湯、舒芙蕾魚、烤牛外脊、蘆筍沙拉、栗子布丁、麵包、奶油、檸檬茶。

例2：中式套餐菜單（百威公司提供）

早餐：鮮肉包子、三鮮豆皮、滷蛋、豆漿、稀飯、泡菜。

午餐：豆瓣鯽魚、番茄炒蛋、蠔油牛柳、香酥鴨塊、蒜蓉莧菜、瓠子排骨湯。

晚餐：麻仁雞翅、魚香肉絲、煎糍粑魚、脆炸鮮奶、清炒絲瓜、清燉牛尾湯。

‖ 三、團體包餐菜單

團體包餐是指在事先預訂後，以統一標準、統一菜式、統一時間進行集體就餐的一種形式。它可分為會議包餐、旅遊包餐及其他類型包餐。團體包餐的特點是：事先預訂、人多面廣、簡易就餐、集中開席、服務迅捷。

團體包餐菜單是根據旅行社或會議主辦單位規定的用餐標準制定的。因此，在安排菜點時既要讓賓客吃飽吃好，又要保證餐飲部的利潤。團體包餐菜單的制定要根據訂餐標準、用餐人的風俗習慣、口味愛好而確立，還須處理好原料的種

類、味型的層次、質感的差異及營養的搭配。若是團體包餐一連進行數天，則應注意高低檔菜的搭配，合理安排團體包餐的成本，儘量多用地方特色菜點，避免正餐菜品的雷同，力爭做到餐餐不重複，天天不一樣。下面是武漢某賓館一週會議包餐菜單，可供參考。

會議包餐菜單

星期一早餐：天津小包、雞冠餃子、黃金餅、煎蛋、老錦春醬菜、綠豆稀飯；午餐：蝦籽蹄筋、泡椒鱔魚、菜芯奎圓、回鍋肚片、豆瓣茄子、番茄蛋湯；晚餐：涼拌毛豆、粉蒸排骨、水煮牛肉、香酥鴨方、口蘑菜心、瓦罐雞湯。

星期二早餐：肉末花捲、紅棗發糕、熱乾麵、牛奶、泡蘿蔔、紅豆稀飯；中餐：豆瓣鯽魚、瓠子肉片、麻婆豆腐、腰果雞丁、荊沙魚糕、蝦米冬瓜湯；晚餐：滷味雙拼、煎糍粑魚、回鍋豬舌、孜然鵪鶉、豆腐圓子、炒竹葉菜、蘿蔔老鴨湯。

星期三早餐：生煎包子、蔥油花捲、桂林米粉、鹹鴨蛋、四川泡菜、稀飯；中餐：魚香肉絲、乾烹帶魚、青椒牛柳、三鮮鍋巴、酸辣藕帶、魚頭豆腐湯；晚餐：皮蛋拌豆腐、珍珠米丸、馬鞍魚橋、腰果鮮貝、酥炸藕夾、酸辣包菜、絲瓜蛋湯。

星期四早餐：燒梅、五彩蛋糕、醬肉包子、滷蛋、綠豆湯、桂花糊米酒；中餐：椒麻鴨掌、蠔油牛柳、醬板鴨、肉末燒冬瓜、清炒絲瓜、紫菜蛋花湯；晚餐：蒜泥芸豆、麻仁雞翅、韭黃炒蛋、紅燒鯰魚、虎皮青椒、水果拼盤、冬瓜原骨湯。

星期五早餐：空心麻丸、軟餅、三鮮麵、金銀饅頭、豆漿、炒花生仁；中餐：椒麻肚絲、粉蒸鯰魚、肉末醃菜、糖醋排骨、清炒豆角、紅棗烏雞湯；晚餐：麻辣魚條、椒鹽竹節蝦、黃燜野鴨、芋頭燒牛脯、肉末蒸蛋、辣子藕帶、雙元湯。

星期六早餐：牛肉粉、三鮮豆皮、米發糕、醬洋薑、香油榨菜、稀飯；中餐：涼拌苦瓜、清蒸樊鯿、黃燜牛筋、家常豆腐、糜菜扣肉、拔絲香蕉、粉絲汆

圓湯；晚餐：雙冬腐竹、紅燒滑魚、蔥爆肚仁、紅扒全雞、香菇菜心、無籽西瓜、奶湯鯽魚。

星期天早餐：果醬蛋糕、軟餅、鹹鴨蛋、綠豆稀飯、四川泡菜、米發糕；中餐：五香鳳爪、油爆腰花、乾張肉絲、蝦米白菜、家常牛蛙腿、甲魚冬瓜湯；晚餐：紅燒鮰魚、熗綠豆芽、香酥全雞、虎皮蹄膀、水煮鱔片、蒜蓉莧菜、植蔬四寶、花菇乳鴿湯。

‖ 四、宴會菜單

所謂宴會菜單，即宴會席所列菜品的清單。具體地講，它是由宴會設計師根據宴會席的結構和賓客的要求，將冷碟、熱炒、大菜、點心、水果等食品按一定比例和程序編成的飲食品的清單。此單一般只按菜點的上菜順序分門別類地列出所用菜點的名稱，不出現每一菜點的單價及所有菜點的總價。宴會菜單有提綱式菜單、表格式菜單等多種形式，以提綱式菜單應用最廣泛，表格式菜單也時有出現。對於宴會菜單的設計原則和編寫方法，本書第5章將作詳盡介紹，下面列有4份提綱式宴會菜單，可供參考。

例1：山盟海誓席

一彩拼：游龍戲鳳（象生冷盤）；

四圍碟：天女散花（水果花卉切雕）、月老獻果（乾果蜜脯造型）、三星高照（葷料什錦）、四喜臨門（素料什錦）；

十熱菜：鸞鳳和鳴（琵琶鴨掌）、麒麟送子（麒麟鱖魚）、前世姻緣（三絲蛋捲）、珠聯璧合（蝦丸青豆）、西窗剪燭（火腿瓜盅）、東床快婿（冬筍燒肉）、比翼雙飛（香酥鵪鶉）、枝結連理（串烤羊肉）、美人浣紗（開水白菜）、玉郎耕耘（玉米甜羹）；

一座湯：山盟海誓（大全家福）；

二點心：五子獻壽（豆沙糖包）、四女奉親（四色豆皮）；

二果品：榴開百子（胭脂紅石榴）、火暴金錢（良鄉炒板栗）；

二荼食：元寶開花（糖水泡蛋）、大展宏圖（祁門紅茶）。

例2：松鶴延年席

一彩盤：松鶴延年（象生圖案）；

四圍碟：五子獻壽（5種果仁釀拼）、四海同慶（4種海鮮釀拼）、玉侶仙班（芋艿鮮蘑）、三星猴頭（涼拌猴頭菇）；

八熱菜：兒孫滿堂（鴿蛋扒鹿角菜）、天倫之樂（雞腰燒鵪鶉）、長生不老（海參烹雪裡蕻）、洪福齊天（蟹黃油燒豆腐）、羅漢大會（素全家福）、五世祺昌（清蒸鯧魚）、彭祖獻壽（茯苓野雞羹）、返老還童（金龜燒童子雞）；

一座湯：甘泉玉液（人參乳鴿燉盆）；

二壽點：佛手摩頂（佛水香酥）、福壽綿長（尹府龍鬚麵）；

二壽果：河南仙柿、上海北芒蟠桃；

二壽茶：湖南老君茶、湖北仙人掌茶。

例3：商業開業宴

一看盤：綵燈高懸（瓜雕造型）；

四涼菜：囊藏錦繡（什錦肚絲）、抬金進銀（胡蘿蔔拌綠豆芽）、童叟無欺（猴頭菇拼香椿）、一帆風順（番茄釀滷豬耳）；

八熱菜：開市大吉（炸瓤加吉魚）、萬寶獻主（雙色鴿蛋釀全雞）、地利人和（蝦仁炒南薺）、順應天意（天花菌燴薏仁米）、高鄰扶持（菱角燒鴨心）、勤能生財（芹菜財魚片）、貴在至誠（鱖魚丁橙杯）、足食豐衣（干貝燒石衣）；

一座湯：眾星捧月（川菜推紗望月）；

二飯點：貨通八路（南味八寶甜飯）、千雲祥集（北味千層酥）。

例4：親友團聚宴

一彩碟：涼亭敘舊（青松涼亭造型）；

六圍碟：歲寒三友（香菇、銀耳、蒜苗製）、冰心玉潔（海蜇、雞蓉、蛋清製）、暗香疏影（梅花造型）、幽谷獨茂（蘭花造型）、高風高節（翠竹造型）、耐寒凌霜（金菊造型）。

六熱菜：喜逢機遇（鴨掌與雞片製）、心花怒放（鴨心、筍片、菱角製）、廬山尋珍（石雞、石魚、石耳合製）、別後思戀（馬鈴薯絲與掛霜蘋果製）、囊括四海（海鮮口袋豆腐）、豪氣干雲（油爆鮮蠣）。

一座湯：八鮮過海（海八珍燉盆）；

二麵點：酬酢麵卷（網油花捲）、三白米飯（清蒸香稻）；

二美果：廣東茂名香蕉、浙江明月脆梨；

一香茗：安徽敬亭綠雪茶。

思考與練習

1.何謂菜品？菜品按用途可分為哪些類型？

2.飲食行業如何給菜品分類？

3.菜品的質量評審要求是什麼？

4.中國菜品、中國麵點各有哪些主要風味流派？

5.確定飲食品價格有哪些方法？有哪些主要公式？

6.何謂菜單？它有哪些類型？套餐菜單有何特點？

7.設計旅遊包餐菜單應注意哪些問題？

第3章 宴席菜品的設計

前面講過，宴席是菜品的組合藝術，故而宴席設計的實質，就是如何合理地配置各類食品（包括用料、分量、件數、製法、風味、盛器以及上菜程序），使之成為有機統一的整體，具有較高的食用價值和觀賞價值。下面從冷碟、熱炒大菜、飯點蜜果的配置三個方面，分別介紹宴席菜品的設計要求。

第一節 冷碟類的設計要求

‖ 一、手碟的配置

手碟，又稱手干、到奉、高擺、輔墊、茶席、果席等，主要由香茗、果品、蜜脯、糕餅、瓜子、糖果等靈活配成。古代的大型宴席中經常安排此類食品，現今餐飲行業舉辦婚壽喜慶宴席，席前每桌放上瓜子、糖果和茶水等款待客人，也屬這一類型。手碟要求質精量少、乾稀配套，它可供賓主品茗談心，還能鬆弛開席前焦急等待遲到客人的煩躁心理，使早來的客人得到應有的接待。

‖ 二、首湯的配置

首湯，又稱「開席湯」，係由海米、蝦仁、魚丁等鮮嫩原料用鮮湯氽成，略呈羹狀。它口味清淡、鮮醇味美，多用於開席前清口潤喉，取用多少悉聽尊便。對於開席湯目前有兩種看法：一種意見認為，它開胃提神，刺激食慾；另一種意見認為，它稀釋胃液，不利於消化。由於飲食習慣，嶺南地區一直堅持配置首湯；內地有些飯店和賓館也照此辦理。目前尚無充分科學依據判定首湯的利弊，宴席中是否配它不強求一致。

三、單碟的配置

單碟，又稱「獨碟」、「圍碟」，係指由一種冷菜裝成的冷碟。單碟有元寶碟、平圍碟、弓橋碟、條形碟、菱形碟及散裝碟等形式，一般使用5～7英吋的圓盤或腰盤盛裝，每份的淨料用量大多控制在100～150克。各單碟之間，應交錯變換，避免用料、技法、色澤和口味的重複。至於葷素搭配，一般是葷多素少，葷素兼備。獨碟多用於一般宴席，4～8道一組，於正菜之前直接上桌。在中、高檔宴席中，單碟若與主碟同上，則稱「圍碟」，其用量較精，主要用來烘托主碟。

四、雙拼、三鑲的配置

（一）雙拼

雙拼又名「對鑲」，是由分量相當的兩種冷菜拼成的冷碟。這類冷碟在用料、形狀和色澤上都應協調，還須講究口味和質地的配合。味型豐富、色澤和諧、刀面協調、質地多變，是雙拼冷盤的基本要求。雙拼通常選用7～9吋腰盤或圓盤盛裝，盛器的規格統一。每盤配用150～200克淨料，一般是一葷一素，也可使用兩種葷料，但素料總量應保持在1／3左右。例如六道雙拼，可用四種素料、八種葷料。雙拼常是4～6道一組，應用於中低檔宴席中。

（二）三鑲

三鑲又稱「三拼盤」，是由分量相當的三種冷菜拼成的冷碟，同樣注重色澤、口味、質感和刀面的配合。製作三鑲既可選用腰盤，也可使用圓盤，其直徑多在8～10吋。每盤三鑲冷碟的淨料在200～250克左右，三者大體均衡。三鑲取料精，檔次高，更講究色、質、味、形、器的配合，多是4～6道一組，應用於中高檔宴席。

五、什錦拼盤的配置

　　什錦拼盤，又稱「大拼盤」、「什錦大拼」，是將多種類別、味型和色彩的冷菜拼制在一個器皿中的大型冷盤。其圖案有「梅花形」、「扇面形」、「葵花形」、「塔基形」、「風車形」等，以刀面精細、構圖勻稱為佳。它的盛器既可用腰盤，也可用圓盤，還可用攢盒。什錦拼盤通常選用8～12種冷菜，色澤、口味、質地要儘量錯開，擺放或呈中軸對稱，或呈中心對稱，各部分都須切成相近的刀口，分量也應大體均衡。它多用於中檔宴席中，替代其他類型的冷碟。

六、主碟和圍碟的配置

　　主碟，又叫花碟、彩拼、工藝冷碟或看盤。它運用裝飾藝術和刀技造型，在盤中釀拼山水、建築、器物或圖案，用12英吋以上的圓盤、腰盤、方盤、菱形盤或異形盤裝成。主碟的設計牽涉立意、命名、題材、風格、選料、構圖、定型、設色諸方面，必須與宴會主題相一致，像慶婚用鴛鴦戲水，賀壽用松鶴延年，中秋用故鄉月明，團年用吉慶有餘，迎賓用滿園春色，祝捷用金盃閃光，等等。主碟必須符合營養衛生，原料的規格與工藝的難易應視宴席檔次而定，同時構圖要有新意。圍碟是主碟的陪襯，多用5～6英吋小碟盛裝，拼裝時要按主碟的要求確定型制，或擺出整齊劃一的刀面，或製成小巧玲瓏的簡易圖案，使之相輔相成。

　　主碟與圍碟的配套，通常情況是，一主碟帶4～8只圍碟，高檔宴席可以一主碟帶8～12只圍碟。其評判標準是：選題得當，圖案新穎，寓意鮮明，刀工精細，用料豐富，搭配合理，色調和諧，造型生動，滋味多變，清潔衛生，能形成眾星捧月之勢。一般來說，主碟以觀賞為主或觀賞與食用並重，圍碟以食用為主，並在總體上對主碟起襯托作用。

　　下面是不同規格的五組冷菜，可供參考。

　　第一組　普通宴席中的六獨碟：

　　椒鹽魚條

　　蒜泥萵蒿

椒麻鴨掌

糖醋排骨

紅油牛肚

薑汁菠菜

第二組 中低檔宴席中的四雙拼：

煙熏白魚——芝麻香芹

白切嫩雞——蠔油花菇

片皮烤鴨——蒜泥芸豆

蜜汁紅棗——涼拌蜇絲

第三組 中高級宴席中的四三拼：

紅油百葉——泡菜蒜苗——鹽水鴨胗

煙熏泥鰍——糖漬地瓜——五香鳳爪

椒鹽鮮魷——蒜泥豇豆——蝦米冬菇

魚香腰片——薑汁萵苣——糖醋油蝦

第四組 中檔宴席中的什錦大拼盤：

五香牛腱——酸辣黃瓜——明爐烤鴨——朝鮮泡菜——紅油豬舌——金勾豇豆——魚香腰花——糖汁番茄——糖醋海蜇——蔥酥魚塊

第五組 高級宴席（全魚席）中的一彩碟帶八圍碟

彩碟：金魚戲蓮

圍碟：玉帶魚卷

豆豉鯪魚

紅椒魚絲

鳳尾春魚

酒糟魚條

臘味風魚

椒鹽魚排

煙熏鰍魚

第二節 熱炒大菜的設計要求

▎一、熱炒菜的配置

　　熱炒菜有單炒（炒一種）、雙炒（炒兩種）和三炒（炒三種）之分。這類熱炒菜的用料多為動物性原料，主要取其細嫩質脆的部位；植物性原料很少用做熱炒菜。熱炒菜原料的刀口一般較小，主要為片、丁、絲、條等，有時還須剞成麥穗花刀或菊花花刀等，以便快速成菜。通常情況下，熱炒菜的用量為300克左右，主料占絕對優勢，配料只起點綴作用。其盛器可用腰平盤或圓平盤，多為8～10英吋，規格應統一，並與整桌盛器相協調。熱炒菜的製法主要有炒、爆、溜、炸、烹等，其共同點是：成菜迅捷、嫩脆爽口。「菜完汁乾」是熱炒菜的成菜特點之一。

　　編排熱炒菜時，須考慮菜式的多樣化，各道熱炒之間，應避免色、質、味、形的單調重複。熱炒菜的上菜方式應因各地的風俗習慣而定，常是2～6件一組，待冷碟吃完後，再將熱炒逐一推出，待熱炒菜全部上完，再上頭菜及其他大菜；也可以先上冷碟，次上頭菜，再將熱炒穿插在大菜中入席。各道熱炒要注意先後順序，質優者宜先，質次者宜後，可突出名貴原料；清淡者宜先，濃厚者宜後，可防止味的相互抑制。例如，魚片、雞絲、鮮貝和蟹粉，其鮮味是遞增的，如果先上蟹粉，次上鮮貝，再上雞絲和魚片，則雞肉和魚肉的鮮味都會被壓抑。

下面是不同規格的三組熱炒菜，可供參考。

第一組 普通宴席中的四熱炒：

油爆肚尖

茄汁魚片

腰果鮮貝

酸辣魷魚

第二組 中檔宴席中的四雙拼炒：

雪花鮑片——炸鳳尾蝦

魚香腰片——花釀冬菇

油爆菊紅——茄汁魚餃

油煎雞塔——鴿蛋吐司

第三組 高級宴席中的四炒三拼：

金絲魚卷——茄汁魚段——松仁魚米

香酥鴿肝——辣子鴿腿——玉蘭鴿脯

火燎雞心——軟炸雞肫——香爆雞腎

芝麻蝦排——枸杞蝦餅——夏果蝦仁

‖ 二、頭菜的配置

頭菜，係指宴會席中規格最高的菜品，常用烤、扒、燴、蒸等技法製作，排在所有大菜最前面，統率全席。按照傳統習慣，不少宴席的名稱是根據頭菜的主料來命名的。例如，頭菜是「水晶鮑脯」，就稱「鮑魚席」，頭菜是「雞火海參」，就稱「海參席」。而且頭菜等級高，熱炒和大菜的檔次也跟著高；頭菜檔次低，其他也低。所以鑑別宴席規格常以頭菜為基準。

鑒於頭菜的特殊地位，配置時應注意三點：首先，頭菜的烹飪原料應是山珍海味或常見原料中的優良品種，其成本約占熱菜成本的1／5～1／3。例如，一桌成本為400元的酒席，熱菜總的成本約為280元（按70%計算），頭菜成本應在60～90元之間，頭菜成本過高或過低，都會影響其他菜餚的配置。其次，頭菜應與宴會性質、規格、風味相協調。標明是粵菜席，必須選用廣東名菜；規定為高級酒宴，則應選用名特原料；註明季節，就要突出時令特色，而且頭菜應首先滿足主賓嗜好，並與本店技術專長結合起來。再次，頭菜地位應醒目，盛器要大，如大盆、大碗、大盤，最好在12英吋以上；宜用整料製作或大件拼裝，裝盤豐滿，注意造型；名貴者可分份上桌。

‖ 三、熱葷的配置

熱葷多由魚蝦菜、禽畜菜、蛋奶菜以及山珍海味菜組成，常與素菜、甜食、湯品聯為一體，共同護衛頭菜，並構成整桌宴席的正菜。

配置熱葷，首先，應處理好它與頭菜的關係。熱葷的用料，應視宴席規格而定，但是不論其檔次如何，都不能超過頭菜。例如，頭菜為「雞蓉魚肚」，熱葷可用鱖魚、鮮貝，但不能用魚翅、鮑脯。其次，各道熱葷之間也要配搭合理，原料、口味、質地和烹法彼此協調，既要避免重複，又要考慮成本核算。熱葷的編排，通常是將炸烤菜置於頭菜之後，再安排山珍海味或畜禽蛋奶。熱葷菜中允許穿插1～2道點心或甜菜，然後相應安排素菜、魚菜和座湯，座湯是大菜收尾的標誌。再次，熱葷的製作可靈活選用燒、燜、蒸、炸、　、燴、扒等技法。有些熱葷湯汁較寬，需選容積較大的器皿；有些熱葷適於加熱後補充調味，如蒸菜多配薑醋，炸菜多配花椒鹽或辣醬油，烤菜多配大蔥、甜麵醬和麵餅。此外，熱葷的用量也要相稱，通常情況下，每份配淨料750～1000克；至於整形的熱菜，由於是以量大為美，故用量一般不受限制，越大越顯得氣派。

‖ 四、甜菜的配置

甜菜（含甜湯、甜羹）泛指一切甜味菜品。其品種較多，有乾稀、冷熱、葷

素、高低之不同，需視季節和席面而定，並綜合考慮價格因素。

甜菜用料多選果蔬菌耳或畜肉蛋奶。其中，高檔的如冰糖燕窩、蜜汁蛤士蟆，中檔的如散燴八寶、拔絲蛋液，低檔的如什錦果羹、蜜汁蓮藕。甜菜製法有拔絲、蜜汁、掛霜、蒸燴、煎炸、冰鎮等，每種都能派生出不少菜式。甜菜應用於宴席，可造成改善營養、調劑口味、增加滋味、解酒醒酒的作用。宴席可配甜菜1～2道，品種需新穎，檔次要相稱。

║ 五、素菜的配置

宴席大菜切不可忽視素菜。素菜有兩種，一為純素，一為花素。純素指主料、配料和調料均為植物性原料，不沾任何葷腥，如植蔬四寶、香菇菜心；花素指主要原料為素料，調料、配料（含用湯）可以兼及葷腥，如開水白菜、蠔油生菜。用做素菜的原料很多，既有名貴品種（如猴頭菇、竹蓀），也有普通蔬菜（如白菜、冬瓜）。素菜入席，一須應時當令，二須取其精華，三須精心烹製，四須適當造型。素菜的製法也要因料而異，炒、燜、燒、扒、燴、釀均可。大菜中合理地安排素菜，能夠改善筵席營養結構，調節人體酸鹼平衡；去膩解酒，變化口味；增進食慾，促進消化。素菜通常配1～2道，上席位置大多偏後。

║ 六、湯菜的配置

宴席中的湯菜，種類較多，按中式宴會席的整體結構分，有首湯、二湯、座湯和飯湯等。其中，用做大菜的只有二湯和座湯。

1.二湯

二湯定名於清代，由於滿人宴席頭菜多為燒烤，為了爽口潤喉，頭菜後往往要配道湯菜，因其在大菜中排在第二位，故名二湯，如清湯燕菜、推紗望月之類。二湯多由清湯製成，使用頭碗盛裝。如果頭菜為燴菜，二湯可省去；假若頭菜是燴菜，二菜為燒烤，那麼二湯就後移到第三位。

2.座湯

　　座湯是宴席中規格最高的湯菜，通常排在大菜的最後面，行業裡稱為「押座菜」或「鎮席湯」。座湯的規格一般都高，有時可用整形的雞、鴨、魚、鱉，如清燉全雞、魚丸鯽魚湯；有時可加名貴配料，如蟲草燉金龜、川貝燕菜湯。製作座湯，清湯、奶湯均可。為了不使湯味重複，若二湯為清湯，座湯就用奶湯，反之亦然。座湯可用品鍋盛裝，冬季常用火鍋替代。

　　湯菜的配置原則是：一般宴席僅配座湯，中高檔宴席加配二湯。

　　下面是不同規格的三組大菜，可供參考。

第一組　普通宴會席中的六大菜：

扒四喜海參

烤蔥油酥雞

蒸珍珠雙圓

　鴛鴦鱖魚

炒口蘑菜心

燉龍鳳瓜盅

第二組　中檔宴會席中的八大菜：

雞蓉筆架魚肚

香酥鵪鶉帶夾

紅燒鄂南石雞

砂鉢黃陂三合

桂花孝感米酒

油燜海參樊鯿

雞油植蔬四寶

汽鍋蟲草蘄龜

第三組 高級宴會席（全鴨席）中的八大菜：

鴨包魚翅

鴨蓉鮑盒

燴鴨四寶

掛爐烤鴨

珠聯鴨脯

蘭花鴨翅

鴨汁雙素

蟲草燉鴨

第三節 飯點蜜果的設計要求

一、飯菜的配置

飯菜，又稱「小菜」、「香食」，與冷碟、熱炒、大菜等下酒菜相對，係指飲酒後用以佐飯的菜餚。這類菜餚多由節令炒菜與名特醬菜、泡菜、糟菜、風臘魚肉組成，如乳黃瓜、小紅方、洗澡泡菜、玫瑰大頭菜、醃椿芽、蝦鮓、風魚等。飯菜只安排在使用白米飯（或白米粥）的宴席中，2～4道一組，常用4～5英吋小碟盛裝，於座湯之後上席。有些豐盛的宴席由於菜餚多，席點（或小吃）也多，賓客很少用飯，所以不配飯菜。

二、席點、小吃的配置

1.席點

席點即宴席點心。常以2～4道一組，隨大菜或湯品編排在各類宴席中。品種有糕、糰、酥、卷、角、皮、片、包、餃等，常見製法如蒸、煮、炸、煎、

烤。宴席點心多運用分份式的形式，每份用量不宜過多，一般需要造型，如鳥獸點心、時果點心、花草點心、圖案點心等，它們精細、靈巧，具有較高的觀賞價值。

關於宴席點心的設計，一要與菜餚的質量相匹配，與宴會的檔次相一致；二要與宴會的形式相適應，如婚宴用鴛鴦盒、蓮心酥、子孫餃，壽宴用壽桃、壽糕、麻姑獻壽、伊府壽麵；三要考慮季節性，夏秋多配糕、糰，冬春多配餅、酥；四要考慮與菜品之間口味、質地的配合，如鹹味大菜配鹹點，甜味大菜配甜點，烤、炸菜配軟餅，甜湯配糕，拔絲菜配羹；五要考慮席點形態的變化，宴席檔次越高，點心越要做得精緻小巧，越要注意點心之間的合理搭配；六要按各地的飲食習尚安排上菜順序，宴席點心既可化整為零，逐一穿插於大菜之間，也可聚零為整，一同上席。

2.小吃

小吃全國各地都有，風格各異，地方性強。普通宴席一般不配小吃，風味宴席則很重視它。小吃大多排在大菜之後，充當主食。配置的小吃，也應當是當地名特品種，一般1～2道，鹹甜、乾稀、冷熱兼顧。

‖ 三、果品的配置

宴席果品的配置甚為講究，如壽席宜配佛手、蟠桃、百合、銀杏；婚席宜配紅棗、桂圓、蓮子、花生；喜慶宴席則宜配蘋果、香蕉、金橙、鴨梨。宴席用水果主要指鮮果，一般應選配時令佳果和著名品種，每席配置1～2道，成色要鮮，品質要優，還須加工處理，擺成圖案，置於水果盤中，以便增色添香、清口開胃、解膩醒酒。

‖ 四、蜜脯的配置

蜜脯指蜜餞和果脯，如話梅、九製陳皮、蜜汁欖仁、蘋果脯、海棠脯、冬瓜糖、甜藕片等。蜜餞主產於南方，以臺灣、廣東、福建為優，塊片較小，係由

糖、蜜和中草藥醃製而成，多有黏汁，呈甜鹹味或藥味；果脯主產於北方，以北京為中心，塊片較大，多用糖水熬煮後烘乾，上有糖霜，不帶黏汁，呈甜酸味。蜜餞果脯在現代宴席中應用較少，只有少數特色風味宴席仍在使用。配置蜜餞與果脯，須用3～4英吋小碟盛裝，4道一組，用於開席前或收席後。

▌五、茶的配置

宴席用茶實有2類。一是純茶，如綠茶、青茶、烏龍茶、紅茶、花茶等，茶葉要好，茶具要雅，沖泡之水要沸要淨。二是混合茶，即在茶中添加相關配料熬煮，如藥茶、糖茶、香草茶、薄荷茶、奶茶、酥油茶等。茶的配置，通常只選一種，有時也可數種齊備，憑客選用，開席前和收席後都可以安排。配茶應尊重客人的風俗習慣。一般來說，華北多用花茶，東北多用甜茶（茶中添加白糖），西北多用蓋碗茶，長江流域多選綠茶或青茶，閩台等地和僑胞多用烏龍茶，嶺南一帶多用紅茶和藥茶，少數民族地區多用混合茶。

下面是不同規格的三組飯點蜜果，可供參考。

第一組 中檔婚慶宴中的飯點蜜果：

點心：四喜蛋糕

雙合湯包

茶果：錦繡果盤

碧螺香茗

第二組 高級壽慶宴中的飯點蜜果：

點心：佛手摩頂（佛手香酥）

福壽綿長（伊府龍鬚麵）

水果：榴開百子（胭脂紅石榴）

五子壽桃（時令鮮桃）

壽茶：大展宏圖（祁門紅茶）

第三組 特等喜慶宴中的飯點蜜果：

飯菜：南糟豆腐

小炒油菜

乾煸青筍

香糟里脊

主食：紫稻米飯

伊府鮮麵

席點：鳳凰奶露

刺猬小包

蜜脯：北京海棠

武漢山楂

廣東話梅

廈門陳皮

香茗：西湖龍井

蒲圻花茶

第四節 宴席的排菜格局

　　中國地域遼闊、民族眾多，飲食風俗千姿百態，宴席格局種類萬千。所以，俗諺說：「席無定勢，因客而變。」但是，在同一地域、同一人群中，相同類別的宴席，其格局是相對穩定的。宴席菜品款式雖多，但在菜式選用和排列組合上不是隨意的。酒水、冷碟、熱炒、大菜、點心、水果各用多少，上菜順序孰先孰後，都有基本規律可循。從食序看，幾乎都是一酒二菜三湯四點五果六茶；從菜

品地位看，又是相繼突出熱菜、大菜和頭菜；從上菜程序看，多是以酒為導引，遵循「因酒布菜」的進食原則。更重要的是，中國宴席的編排，深受古代軍陣影響，重氣勢，重格局，首尾呼應，起承轉合，既有相對的獨立性，又不鬆弛散亂，始終圍繞一個主旨依次推進，從序曲經高潮至尾聲，一氣呵成。

與此同時，中國宴席排菜格局還受食俗和禮儀的影響，帶有明顯的地域特徵和民族情調。冷碟酒水、熱炒大菜和飯點蜜果這三組食品，各地的編排程序差異較大，如果分類歸併，大體上有四種類型。

一、北方型上菜程序

其包括華北、東北、西北的大部分地區，其主要形式是冷葷（有時也帶果碟）——熱菜（以大件帶　炒的形式組合）——湯點（麵食為主體，有時也跟在大件之後）。像瀋陽鹿鳴春飯點的外事宴席、張作霖的五十大壽、北京全聚德烤鴨店的便宴、西安八景宴均是如此。北方型的酒宴格局比較樸實，菜名一目瞭然，數量也是因需而定，講求實效，不一定追求吉數和強調單雙，反映了中原大地飲食文化的特質——古樸、自然、大方、莊重。

例1 北京聽鸝館「延年益壽席」（滋補養生席）

冷葷：人參二龍戲珠彩拼帶四圍碟（薑菜河蟹、五香醬鴨、干貝香酥、天麻髮菜）。

熱菜：「延」字茯苓梅花銀耳，「年」字當歸甲魚、「益」字首烏山雞、「壽」字蟲草鵪鶉、「席」字丁香烤鹿腿。

湯點：雙湯（百合蘆筍湯、枸杞蓮子湯）帶七點（梔子窩頭、蓮蓉喜字餅、茯苓豆沙壽桃、小棗石榴、桃仁海棠果、杏仁佛手、栗子京米粥）。

例2 遼寧名師創製的「瀋陽八仙宴」（創新筵席）

冷盤：主碟瓊閣仙境，帶四葷四素八道圍碟。

正菜：鐵拐成仙、鐘離芭蕉、果老仙齋、仙姑蓮花、采和散花、洞賓牡丹、

湘子玉笛、國舅槽板。

座湯：八仙鬧海。

席點：神仙果、碧雲糕、如意餅、長壽麵。

説明：冷菜點明環境氣氛，正菜緊扣八位大仙，一湯交代「鬧海」，四點寓意「成仙」，環環相扣，一氣呵成。

二、西南型上菜程序

其主要包括川、貴、雲、渝3省1區和藏北，其基本形式是冷菜（彩盤帶單碟）——熱菜（一般不分熱炒與大菜）——小吃（1～4　道）——飯菜（以小炒和泡菜為主）——水果（多用當地名品）。像重慶頤之時飯店的展銷宴席、成都天府酒家的高級宴席、雲南的雞棕席、香港錦江春川菜館的高級宴席都循此例。西南型酒宴格局往往帶有濃厚的民間生活氣息，菜名簡潔醒目，突出名特物產，價廉物美，頗耐品嚐。

例1 自貢市特級鹽場席（傳統名席）

冷菜：糟醉雞片、蔥燒鯽魚、龍鬚牛肉、菊花脆肚、薑汁鴨掌、桂花鴨卷、陳皮仔雞、糖醋蜇絲、滷汁桃仁、鹽水筍尖、松花皮蛋、金勾玉牌、三絲髮捲。

熱菜：鴿蛋燕菜、烤奶豬、蓮花鮮鮑、紅燒駝掌、蟲草鴨舌、干貝竹蓀、家常甲魚、乾煸鴿脯、蟹黃八南絲瓜、宮保田雞腿、竹蓀什錦銀耳羹、枸杞雞鴨絲湯。

小吃：蝦仁燒賣、纏絲牛肉焦餅、豆炒米頭、蘿蔔絲餅、雞絲銀絲麵、珍珠蟹黃包、雞絲抄手。

飯菜：素燒葵菜、蝦米芹黃、熗炒銀芽、四鑲泡菜。

水果：雲南鳳梨、瀘州桂圓、內江金錢橘、內江蜜櫻桃。

例2 雲南迪慶藏年祝福席（漢藏風味創新宴席）

冷盤：主碟（草原春來早）帶四圍碟（五香　牛腿、米辣拌奶渣、油烹獐脊

絲、椿韭蛋皮卷）。

小炒：清炒黃羊丁、油爆松蓉絲、滑溜金銀條、雲腿玉蘭片。

大菜：紅油扒牛掌、酥炸雙竹鼠、蟲草戲雪蓮、黃燜紅腳雞、八寶蕨麻飯、火鍋涮兔肉。

甜品：鮮奶牛皮鼓、雪山奶酪凍。

茶點：四色糯米糕、麻屑酥酒茶。

三、華東型上菜程序

華東型上菜主要集中在上海、江蘇、浙江、安徽，還有江西、湖北、湖南的部分地區，其常見形式是冷碟（多係雙數）——熱炒（也為雙數）——大菜（含頭菜、二湯、葷素大菜、甜品與座湯）——飯點（米、麵兼備）——茶果（數量視席面而定）。南京玄武湖白苑餐廳的全魚席、上海揚州飯店的酒宴、杭州樓外樓的迎賓席、長沙的風味宴席都是這樣編排的。華東型酒宴格局比較注重情韻和文采，菜式秀麗，講究層次，突出魚米之鄉的特色，並時常融注詩情畫意與典故傳聞。

例1 南京市江蘇酒家高級席單（正宗京蘇風味）

彩盤：百花爭豔（主碟）。

圍碟：菊花海蜇、香熏仔雞、蜜汁荸薺、酸辣黃瓜、鹽水鴨脯、鳳尾大蝦、佛手茭白、糖沾核桃、螃蟹皮蛋、荷花南腿。

四鑲炒：松子雞米鑲瓢兒鴨舌、雙尾蝦托鑲香炸肫花、芙蓉魚絲鑲金魚燒賣、蝴蝶鴿蛋鑲翡翠蓉球。

八大菜：白汁魚翅、鴛鴦鮑魚、金陵烤鴨、彩色魚夾（鑲頭尾）、花蛋生敲、櫻桃蛤士蟆（甜菜）、植蔬四寶、清燉八寶雞。

兩對點：銀絲蝦球——桃式蒸餃、芝麻涼卷——彩邊酥盒。

例2 武漢商業服務學院教學示範宴席（集各地菜式編成）

　　一彩盆（拼比翼雙飛）帶六圍碟（拌芝麻芹菜、凍蜜汁湘蓮、滷夫妻肺片、熏瓦塊龍魚、炸核桃酥餅、燴如意肚絲）。

　　四熱炒：炒松仁魚米、爆芙蓉雞丁、　金菇蘭片、煎番茄蝦餅。

　　七大菜：扒四喜海參、燴玻璃魷魚、蒸珍珠雙圓、烤八珍酥雞、釀敦煌蟹斗、燒鴛鴦鱖魚、燉龍鳳瓜盅。

　　二飯點：燙牛肉豆皮、烘椰蓉軟糕。

　　二水果：切月湖紅菱、漬桂林馬蹄。

　　三茶食：泡君山銀針、拼北京果脯、配嶺南蜜餞。

四、華南型上菜程序

　　其主要包括廣東、廣西、海南與香港、澳門，福建和臺灣也受影響，主要形式是開席湯——冷盤——熱炒——大菜——飯點——時果。像廣州泮溪酒家宴席、澳門特別行政區的潮州風味席菜、桂林的外事宴席、福州的風味全席等，大體上都屬於這一款式。華南型酒席格局與熱帶氣候的要求相適應，菜名豔美，用料珍奇，席面精巧，檔次一般較高，很講究「吉言」與時序，服務更係上乘，商品經濟的色彩最為鮮明。

　　例1 廣西梧州高檔除夕宴（山海八珍席面）

　　開席湯：玉液海參羹。

　　冷盤：苔菜拼美鮑、鳳梨拼火鵝、冬菇拼臘腸、露筍拼叉燒。

　　熱炒：五彩炒蛇絲、乾煎明蝦碌、油爆響螺片、大地醃鵪脯。

　　大菜：蟹黃燒魚翅、梧州紙包雞、金針扒鴿蛋、紅扣果子貍、時鮮西瓜盅、蒜子瑤柱脯、蛤蚧燉鷹龜。

　　飯點：韭黃鴨絲麵、馬肉香米粉、蓮子鮮奶露、橘羹小元宵。

　　時果：容縣河田柚、南寧蜜菠蘿、大石山葡萄、白色黃皮果。

例2 廈門生意興隆席（吉慶菜名組成的商務宴席）

全珠滿華堂（鴻運乳豬大拼盤）、發財大好市（髮菜大蠔豉）、富貴金銀盞（燒雲腿拼三花象拔蚌）、鳳凰大展翅（紅燒雞絲大生翅）、生財抱有餘（福祿蠔皇鮮鮑片）、捷足占鰲頭（清蒸海青斑）、彩雁報佳音（原盅枸杞燉蜆鴨）、紅袍罩丹鳳（梅子香密燒雞）、生意慶興隆（生炒五色糯米飯）、隨心可所欲（上湯煎粉果）、鴻運聯翩至（湯糰紅豆沙）、雙喜又臨門（甜鹹雙美點）。

説明：此類商務宴席，特別注重吉祥雅語。先用吉語命名，後加註解，既能歡悦情緒，又能説明筵宴概況。

以上四種格局，大體上反映出三水（黃河、長江、珠江）、四方（東、南、西、北）的食風格和食禮，它們和中國四大菜系的輻射區域也基本上是一致的，這可説明宴席與菜系密切的依附關係。

以上幾種宴席的編排設計，是通常採用的程序，不是説不能變通。有些席面完全可以應時、應事而異。比如，喜慶壽宴不妨先上蛋糕，夏天的甜湯可以改做冰淇淋，或者加一道冰點。許多宴席還可以在菜與菜之間穿插幾道麵點或風味小吃，等等。總之，在一定條件下，以讓客人滿意為目的。

思考與練習

1.中式宴席主要由哪些食品組成？

2.冷菜的上菜方式有哪些？

3.什錦拼盤的配置有哪些具體要求？

4.請列舉30例冷菜，註明每道菜品的色、質、味、形。

5.熱炒的原料、刀口、烹法、用量、盛器、特色、數量及上菜方式各是什麼？

6.請列舉20例熱炒菜，註明每道菜品的色、質、味、形。

7.大菜包括哪些菜品？頭菜、座湯的定義是什麼？

8.素菜的配用要求是什麼？宴席安排甜菜有何作用？

9.請列舉40例大菜，註明每道菜品的色、質、味、形。

10.飯點茶果包括哪些菜品？

11.席點的配用原則是什麼？

12.宴席配用水果有何要求？

13.請列舉20例席點，註明每道菜品的色、質、味、形。

第 4 章 宴席酒水及餐具設計

　　宴飲是件賞心悅目的雅事。宴席用酒注重以酒佐食，適量飲酒，可舒筋活血、開胃提神，增進或保持食慾；可以引發談興、助樂添歡，增加宴席氣氛；可顯示主人的熱誠、宴飲的禮節，實現設置酒宴的社交目的。古語云：「美食不如美器」。一桌色香味形俱佳的佳餚美酒，若是輔以精緻的餐具，便能錦上添花、異彩紛呈。

第一節 宴席酒水的類別

　　宴席中的酒水主要有酒、水、茶、牛奶、果汁、咖啡等，根據其酒精含量，大致可分成酒精性飲料和非酒精性飲料。

　　酒精性飲料含酒精0.5%以上，習稱為「酒」，通常有釀造酒（啤酒、葡萄酒）、蒸餾酒（威士忌、白蘭地、伏特加）和再製酒之分。非酒精類飲料不含酒精成分，它可分為含咖啡因飲料類（茶、咖啡、可可）、果汁飲料類（新鮮果汁、加工果汁）、碳酸飲料類（可樂、汽水、蘇打水）、乳製品飲料類（牛奶、脫脂奶、豆漿）以及水類（礦泉水、泉水）等。

┃ 一、中餐宴席用酒

　　中餐宴席用酒多選用白乾和黃酒。目前較常見的白乾主要有茅台酒、汾酒、五糧液、洋河大曲、劍南春、古井貢、董酒、瀘州老窖特曲、西鳳酒、沱牌酒、二鍋頭等；較常見的黃酒主要有紹興酒、龍岩沉缸酒等。

　　（一）宴席用白乾

1.茅台酒

茅台酒在中國被稱為「國酒」，因產於貴州省仁懷縣西部赤水河中游的茅台鎮而得名。茅台酒酒度為53度，具有獨特的「茅香」，其香氣柔和幽雅、郁而不猛、香而不豔、持久不散，飲後空杯留香不絕，入口味感柔綿醇厚，回味悠長，餘香綿綿。

2.汾酒

汾酒產於山西省汾陽縣杏花村酒廠，酒度為65度。汾酒酒液清澈透明、清香馥郁，入口香綿甜潤、醇厚、爽冽，飲後回味悠長，素有色、香、味「三絕」之美稱，屬中國清香型白乾的典型。

3.五糧液

五糧液產於金沙江和岷江合流處的四川省宜賓五糧液酒廠，酒度為60度左右。其酒香屬濃香型，具有酒液清澈透明、香氣濃郁悠久、回味甘醇淨爽的特點。

4.洋河大曲

洋河大曲產於江蘇省泗陽縣洋河酒廠，酒度分為55度、60度、64度三種。洋河大曲以其「甜、綿、軟、淨、香」的獨特風味蜚聲海內外，其酒液透明、無色清澈、醇香濃郁，口感味鮮而濃、質厚而醇、軟綿、甜潤、圓正、餘味爽淨，回香悠久。

5.劍南春

劍南春酒度有50度和60度兩種規格，產於四川省綿竹酒廠，屬於中國白乾中的濃香型大麴酒。劍南春酒液無色、透明、晶亮，氣味芳香濃郁，口味醇和，回甜、清冽、淨爽，飲後餘香悠長，並有獨特的「麴酒香味」。

6.古井貢

古井貢產於安徽省亳縣古井酒廠，酒度介於60度和62度之間，因取古井之水釀製、明清兩代均列為貢品而得名，是中國具有悠久歷史的名酒。古井貢酒液

無色、清澈、透明如水晶，屬於濃香型白乾，其香氣純淨如幽蘭之美，入口醇和，濃郁甘潤，回味餘香悠長而經久不息。

7.董酒

董酒酒度有58度和60度兩種規格，產於貴州省遵義市董酒廠，因廠址坐落於北郊的董公寺而得名。董酒屬於混合香型白乾，酒液晶瑩透明、香氣撲鼻，入口甘美、清爽，滿口香醇，風味優美別緻，在中國白乾中獨占一型、別具一格。

（二）宴席用黃酒

黃酒是中國歷史悠久的傳統酒品，它以糯米、玉米、黍米和大米等為原料，經酒藥、麴曲發酵壓榨而成。其特點是酒質醇厚幽香，味感和諧鮮美。其種類有以浙江紹興黃酒為代表的江南糯米黃酒、以福建龍岩沉缸酒為代表的福建紅曲黃酒、以山東即墨黃酒為代表的山東黍米黃酒。

1.紹興酒

紹興酒是中國黃酒中歷史悠久的名酒，因產於浙江紹興而得名，簡稱「紹酒」。紹興酒以糯米為主要原料，引鑒湖之水，加酒藥、麥曲、漿水，用攤飯法、發酵法和連續壓榨煎酒法新工藝釀成，酒液黃亮有光，香氣濃郁芬芳，酒味鮮美醇厚。其著名品種有：元紅酒、加飯酒、善釀酒、香雪酒、竹葉青、花雕酒、女兒紅等。

2.龍岩沉缸酒

龍岩沉缸酒產於福建省龍岩酒廠，已有150多年的歷史。龍岩沉缸酒呈鮮豔透明的紅褐色，有琥珀光澤，有紅曲香、酒藥香、米酒香，在釀造中形成濃郁的香氣，酒質純淨、自然，酒味醇厚，糖度雖高達27度，酒度14.5度，但無黏稠感，諸味和諧且同時呈現。

（三）宴席用啤酒

啤酒是以大麥為主要原料，配以有特殊香味的啤酒花，經過發芽、糖化、發酵而製成的一種含二氧化碳的低酒精原汁酒。其特點是酒精含量在2%～5%之

間，具有顯著的麥芽和啤酒花的清香，味道醇正爽口，富含多種維生素和氨基酸等營養成分，素有「液體麵包」之稱。

啤酒的分類方法較多，根據啤酒是否經過滅菌處理，可分為鮮啤酒和熟啤酒兩類。鮮啤酒又稱生啤酒，沒有經過殺菌處理，因此，保存期較短，在15℃以下可以保存3～7天，但口味鮮美，目前深受消費者歡迎的「扎啤」就是鮮啤酒。熟啤酒是經過殺菌處理的啤酒，穩定性好，保存時間長，一般可保存3個月，但口感及營養不如鮮啤酒。

鑒定啤酒的質量應考察其透明度、色澤、泡沫、香氣和滋味。質量優良的啤酒應是酒液透明、有光澤，色澤深淺因品種而異，泡沫潔白細膩，持久掛杯，有強烈的麥芽香氣和酒花苦而爽口的口感。

‖ 二、西餐宴席用酒

西餐宴席用酒以葡萄酒和葡萄汽酒為主，有時餐前要用開胃酒，餐後要用利口酒。由於西餐比較注重酒與菜的搭配，所以宴席用酒控制得比較嚴格。

1.開胃酒

開胃酒是以葡萄酒或食用酒精、蒸餾酒為酒基，加入多種香料、草藥製成，具有開胃、健脾之功效，一般在餐前飲用。宴席中常用的開胃酒主要有苦艾酒、必特酒等。

2.甜食酒

甜食酒的主要特點是口味較甜，一般作為佐助甜食時飲用的酒品。著名的甜食酒有波特酒、雪利酒、馬德拉酒等。

3.白葡萄酒

白葡萄酒是將白葡萄（也有用紫葡萄的）除去果皮和籽兒後壓榨成汁，經自然發酵釀製而成。具有怡爽清香、健脾胃、去腥氣的特點，常配以海鮮等佳餚，是餐桌上必不可少的佐餐酒。盛產白葡萄酒最著名的國家是法國和德國，其中法

國勃艮地區所產的白葡萄酒清冽爽口、爽而不薄，富於氣質，被譽為「葡萄酒之王」。

4.紅葡萄酒

紅葡萄酒是用紫葡萄連果皮和籽兒一起壓榨取汁，經自然發酵釀製而成。紅葡萄酒的發酵時間較長，果皮中的色素在發酵過程中融進酒裡，使酒液呈紅色。紅葡萄酒一般陳年4～10年味道正好，品位上分為強烈、濃郁和清淡三種。法國波爾多地區生產的紅葡萄酒優雅甜潤，被稱為「葡萄酒之女王」。

5.玫瑰葡萄酒

玫瑰葡萄酒在釀製過程中採用了一些特殊方法，一般釀製2～3　年即可飲用。其酒液呈玫瑰紅色，不甜而粗烈，可與任何種類的菜餚、食物配飲。

6.香檳酒

香檳酒產於法國香檳地區，是葡萄汽酒最典型的代表，它擁有獨特、細緻的氣泡，濃郁芬芳的果香和花香，是世界上最富魅力的葡萄酒，被稱為葡萄酒酒中之王。香檳酒呈黃綠色，清亮透明，口味醇美、清爽、醇正、不上頭，果香大於酒香，給人以高尚的美感，酒度11度，可以在任何場合，與任何食物配飲。

三、中餐宴席用茶

茶，是以茶樹新梢上的芽葉嫩梢為原料加工製成的產品。全世界年產茶葉已超過250萬噸，其中，90%為全發酵紅茶，8%是不發酵的綠茶，餘下的2%則是半發酵的烏龍茶。茶可直接沏做飲料，除解渴、清熱之外，還具有提神、明目、醒酒、利尿、去油膩、助消化、降血脂、降血糖、防輻射等功效。其著名品種主要有：

1.龍井茶

西湖龍井茶是中國綠茶的代表，向來以「色翠、香郁、味醇、形美」四絕著稱於世。龍井茶的採摘全靠人工，清明節前所採摘的茶葉是最優質的原料，稱為

「明前茶」；清明後三、四天所採摘的茶葉，稱為「雀舌茶」；穀雨前採摘的芽葉則稱為「雨前茶」。

2.碧螺春

碧螺春主產於太湖洞庭東山和西山。「碧」是指碧綠清澈，「螺」是指像田螺的形狀，「春」則是在春天採摘的茶葉。這種茶葉色澤碧綠，外形緊細、捲曲、白毫多，香氣濃郁，滋味醇和。其茶湯碧綠清澈，葉底細嫩明亮，飲時爽口，飲後有回甜感覺。

3.黃山毛峰

黃山毛峰主產於安徽黃山，屬綠茶中的珍品。其外形美觀，狀若雀舌，尖芽上布滿著絨細的白毫，色澤油潤光亮，綠中泛出微黃。其茶湯清澈微黃，香氣持久，猶若蘭蕙，醇厚爽口。

4.廬山雲霧

廬山雲霧茶主產於江西廬山，是中國著名的綠茶之一。其成品外形條索緊結重實，飽滿秀麗，色澤碧綠光滑，香氣芬芳。將雲霧茶沖泡後葉底嫩綠微黃、柔軟舒展，湯色綠而透明，滋味爽快、濃醇甘鮮。

5.祁門紅茶

祁門紅茶是中國著名的紅茶精品，產於安徽祁門縣的山區，簡稱「祁紅」。此茶條索緊細秀長，湯色紅豔明亮，香氣既酷似果香又帶蘭花香氣，清鮮而持久。既適於純飲，也可加入牛奶調飲。

6.武夷岩茶

武夷岩茶是中國烏龍茶之極品，產於閩北武夷山岩縫之中，宋、元時期被列為「貢品」。武夷岩茶條形壯結、勻整，色澤綠褐鮮潤，茶性和而不寒，久藏不壞，香久益清，味久益醇。泡飲時常用小壺小杯，其茶湯呈深橙黃色，清澈豔麗；葉底軟亮，葉緣朱紅，葉心淡綠帶黃；兼有紅茶的甘醇、綠茶的清香，且香味濃郁，即使沖泡五六次後餘韻猶存。

7.鐵觀音

鐵觀音是中國烏龍茶之上品，產於福建省安溪縣內。其成品茶條索緊結，外形頭似蜻蜓，尾似蝌蚪，色澤烏潤砂綠。將它泡於杯中，常常呈現出「綠葉紅鑲邊」的景象，有天然的蘭花香，滋味醇濃。用小巧的功夫茶具品飲，先聞香，後嘗味，頓覺滿口生香，回味無窮。

8.普洱茶

普洱茶主產於雲南普洱縣一帶，本身是綠茶，經過後氧化、後發酵的方法製成。成品條索粗壯肥大，色澤烏潤或褐紅，滋味醇厚回甘，並具獨特陳香。本品有降低血脂、減肥、抑菌、助消化、暖胃、生津、止渴、醒酒、解毒等功效，是一種具有多重保健功能的飲料。

9.君山銀針

君山銀針，主產於洞庭湖中的青螺島上，因茶芽外形像一根根銀針而得名。其特點是全由芽頭製成，茶芽頭茁壯，長短大小均勻，茶芽內面呈金黃色，外層滿布白毫且顯露完整，色澤鮮亮，香氣高爽。沖泡時根根銀針直立向上，幾番飛舞後團聚一起立於杯底，其湯色橙黃，滋味甘醇，雖久置而味不變。

10.蘇州茉莉花茶

蘇州茉莉花茶，是中國茉莉花茶中的佳品，產於江蘇蘇州。與同類花茶相比，蘇州茉莉花茶屬清香型，香氣清芬鮮靈，茶味醇和含香，湯色黃綠澄明。

茶的沖泡方法較多。沖泡一杯好茶，除要求茶本身的品質外，還要考慮沖泡茶所用水的水質、茶具的選用、茶的用量、沖泡水溫及沖泡時間五個要素。

茶的飲用更是一門藝術。宴席中茶的配置，上一章節已做闡述。

四、宴席中的果汁

果汁類飲料來自天然原料，主要有天然果汁、稀釋果汁、果肉果汁、濃縮果汁和蔬菜汁等類別。

天然果汁是指沒有加水的100%的新鮮果汁。稀釋果汁是指加水稀釋過的新鮮果汁，這類果汁中加入了適量的糖水、檸檬酸、香精、色素、維生素等。果肉果汁是含有少量的細碎顆粒的新鮮果汁，如粒粒橙等。濃縮果汁在飲用前需要加水稀釋，以橙汁和檸檬汁最為常見。蔬菜汁是指加入水果汁和香料等的各種蔬菜汁，如番茄汁等。

‖ 五、宴席中的碳酸飲料

碳酸飲料是指含碳酸氣的飲料的總稱，其風味物質的主要成分是二氧化碳，同時還包含碳酸鹽、硫酸鹽等。

碳酸飲料的種類較多：普通碳酸飲料不含人工合成香料，也不含任何天然香料，常見的有蘇打水、礦泉水碳酸飲料等。果味型碳酸飲料添加了水果香精和香料，如檸檬汽水、薑汁汽水等。果汁型碳酸飲料含有水果汁或蔬菜汁，如橘汁汽水。可樂型碳酸飲料含有可樂豆提取物和天然香料，如可口可樂和百事可樂。碳酸飲料冰鎮後（一般為4～8℃）口感最佳。

‖ 六、宴席中的礦泉水

礦泉水來自地下循環的天然露天式或人工開發的深部循環的地下水，以含有一定量的礦物鹽、微量元素或二氧化碳為特徵，它有不含氣礦泉水、含氣礦泉水及人工礦泉水之分。礦泉水使用前應先冷卻，溫度達4℃左右時飲用效果最理想。

‖ 七、宴席中的乳品飲料

乳品飲料是以牛奶為主要原料加工而成，常見品種有新鮮牛奶、乳飲、發酵乳飲等。乳品飲料含有豐富的蛋白質、卵磷脂、維生素B群、鈣質等多種營養成分，能有效預防骨質疏鬆症，對高血壓、便祕等也有一定療效。

‖ 八、宴席中的咖啡

咖啡是以含咖啡豆的提取物製成的飲料。其營養價值較高，具有消化、提神功能，適量飲用可以刺激腸胃蠕動，可以消除疲勞，舒展血管，並有利尿作用。

各種咖啡豆可單品飲用，亦可混合調配，通常用三種以上咖啡混拌，稱為綜合咖啡。或甘或酸，或香或醇，或苦或濃，風味各異。

第二節 宴席酒水的設計要求

酒水在宴席上占有舉足輕重的地位，宴會自始至終都是在互相祝酒、勸酒中進行的。凡是重大的祭祀、喜事、喪事和社會交往等活動都離不開酒水，沒有酒水就表達不了誠意；沒有酒水就顯示不出隆重；沒有酒水就缺乏宴飲氣氛。所以，人們常說：「設宴待佳賓，無酒不成席。」

‖ 一、酒水與宴會的搭配原則

（一）酒水的檔次應與宴席的檔次相一致

宴席用酒應與其規格和檔次相協調。高檔宴席，宜選用高檔次的酒品。例如，國宴用酒往往選用茅台酒，因為茅台酒被稱為「國酒」，其身價與國宴相匹配。普通宴席則宜選用檔次一般的酒品。例如，中國多數鄉鎮中的家常便宴習用當地釀造的普通酒。

（二）酒水的產地應與宴席席面的特色相一致

一般來講，中餐宴席往往選用中國酒，西餐宴席往往選擇外國葡萄酒，不同的席面在用酒上也注重與其地域相適應。例如，北京人的宴席常配二鍋頭酒，江蘇人的宴席常配洋河酒，湖北人的宴席常配枝江大麴酒，而浙江民間婚宴中則流行用「狀元紅」。

（三）宴席中要慎用高度酒

　　無論是中餐宴席還是西式宴會，對於高度酒的選用一定要謹慎。因為，使用高度白乾佐餐，酒精會對味蕾產生強烈的刺激性，會影響就餐者對美味佳餚的品嚐。過量飲用高度白乾，極易引起酒精中毒，既傷身，又敗興。

　　當然，宴會用酒，首先應遵從客人的意願，當客人的意願與飲酒的原則不相符時，不能片面地強調原則，而應以客人的具體要求為準則。

‖二、酒水與菜品的搭配原則

（一）酒水的配用應充分體現菜餚的特色風味

　　宴席中的酒品以佐助為主，處於輔助地位。酒水應充分體現菜品的風味特色，而不能喧賓奪主，搶去菜餚的風頭。所以，在口味上不應該比菜餚更濃烈或甜濃，在用量上以適量為宜。例如，中國南方人飲用黃酒就特別講究：元紅酒專配雞、鴨菜餚，竹葉青酒專配魚、蝦菜餚，加飯酒專配冷菜，吃蟹時專飲黃酒而不飲白乾。西式宴席更是講究「白酒配白肉，紅酒配紅肉」。

（二）酒水與菜餚的風味要對等協調

　　酒水與菜餚的搭配有一定的規律可循，特別是西式宴席，有上什麼菜配什麼酒的習慣。

　　色味淡雅的酒應配顏色清淡、香氣高雅、口味醇正的菜餚。例如，汾酒配冷菜，清爽合宜；白葡萄酒配海鮮，醇鮮可口。色味濃郁的酒應配色調豔、香氣馥郁、多味錯雜的菜餚。例如，瀘州老窖酒宜配雞、鴨菜餚；紅葡萄酒宜配牛肉菜式。鹹鮮味的菜餚應配乾酸型酒。甜香味的菜餚應配甜型酒。香辣味的菜餚應配濃香型酒。中國菜盡可能選用中國酒，西式菜盡可能選用洋酒。

（三）酒水應儘量讓客人接受和滿意，不能抑制人的食慾

　　有些酒水飲後會抑制人的食慾，如啤酒和烈酒；有些酒水飲後會抑制人體的消化功能，如部分藥酒和配置酒。這類飲品在某些場合不適宜充當佐餐酒。

　　無論配用什麼類別的酒水，讓客人接受和滿意是一項非常重要的原則。如果

客人自行點要的酒品違反了上述原則，或者服務人員向客人推薦的飲品沒有得到客人的認同，仍然應該尊重客人的意願，按照客人的興趣和愛好去操作。

三、宴席酒水的選用方法

（一）西餐宴席酒水的選擇

西餐宴席一般由開胃菜（頭盆）、湯、沙拉（副盆）、主菜（主盆）和甜點（含奶酪）五類菜品組成。受西方傳統飲食文化與飲食習慣的影響，西餐各道菜餚與酒水的搭配有比較嚴格的規定。西餐用酒一般分為餐前用酒、佐餐用酒和餐後用酒三部分。

餐前用酒又稱開胃酒，常見的有雞尾酒和其他一些混合飲料，如馬丁尼、曼哈頓等。餐後用酒主要有利口酒、白蘭地及其他一些混合飲料。

香檳酒可以與任何角色的菜餚搭配，但以配主菜、吃點心或致祝酒詞時用得較多。對於西餐非酒精飲料，賓客在餐前一般選用蒸餾水，佐餐、佐酒時用果汁，餐後則喜歡飲用茶或咖啡。

（二）中餐宴席酒水的選擇

中餐菜餚與酒品的搭配遠沒有西餐那樣複雜，許多情況下，主人只提供全場統一的數種性質不同的酒水供客人選擇。中國人赴宴飲酒時大多不喜歡一個人飲用多樣的酒，沒有特殊的緣故一般不會在宴席中途換酒。

中餐宴席酒水的安排大部分是這樣處理的：

1.餐前用飲料

一般是飲茶或軟性飲料，而以飲茶者居多。香港許多酒店或酒樓一般提供四種茶供客人選擇。它們是普洱茶、花茶、鐵觀音茶和香片茶。至於軟性飲料，主要是可口可樂、百事可樂或雪碧之類的碳酸飲料。當然，也會碰到客人點用果汁、蒸餾水或礦泉水的情形。大多數客人在選定一種軟性飲料之後，在整個用餐過程中不再更換。

2.佐餐酒

一般是度數較高的白乾和酒度較低的紅葡萄酒或啤酒。每一類酒一般有1～2種供客人選擇。當然，很熟的客人也會自點自己所喜愛的酒品。但在許多情況下，客人一般都會聽從主人的安排，而且每桌所選用的酒品都相對統一。

3.餐後用飲料

中餐習慣在餐後飲用茶水。因為茶水具有止渴、解酒和幫助消化的功效。中餐宴席較少喝餐後酒，如果朋友相聚酒興未盡，則另當別論。

自助餐酒會由於菜餚與酒水由客人自取，酒水與菜餚的搭配隨意性較大。

第三節 宴席餐具及其設計要求

餐具，即食具和飲具的總稱。食具包括盛食器和取食器；飲具包括酒具、水具和茶具。餐具有中式餐具與西式餐具之分；若按材質歸類，又可分為陶器、漆器、青銅器、竹木器、玉石器、象牙器、金銀器、合金器、玻璃器、塑料器、鋼鐵器及瓷器等。

一、中式宴席中常見的餐具

在中式餐具中，瓷器的使用最為普遍。瓷器是用高嶺土、正長石和石英等原料製胚，外塗釉料，在1200℃高溫的瓷窯中焙燒而成的。它在中國已沿用1700餘年，至今盛譽不衰。其特點是：成品吸水率低，質地堅硬，造型豔麗，花色品種眾多。瓷質餐具的形狀有盤、碟、盆、碗、杯、勺、壺、盅；釉色有白、青、黃、綠、藍和紅。此外，按花的淺滿程度分，有邊花瓷和滿花瓷；按邊形分，有平邊、繩邊與荷葉邊；按邊色分，有鍍金邊、鍍銀邊、孔雀藍邊、電邊（黃邊）、藍邊和白口邊等。中國著名的陶瓷器有宜興紫砂陶器、寧國紫砂陶、榮昌工藝陶、景德鎮瓷器、淄博瓷器、佛山瓷器、醴陵瓷器、唐山瓷器等。

飲食行業中習慣於將餐具的品名、形狀與規格聯繫起來定名。中式宴席中常

用的餐具大體如下：

1.腰盤

腰盤又稱「腰圓盤」、「魚盤」，外形呈橢圓，有深底和淺底、平圓邊與荷葉邊的區別。規格從6英吋到32英吋（10英吋以下，每隔1英吋一個擋，10英吋以上，每隔2英吋一個擋）。其用途是：7英吋以下多作單碟，9英吋左右可盛熱炒或雙拼、三鑲，12英吋左右裝全魚、全鴨等大菜，14英吋左右拼裝花色冷盤，20英吋以上的多裝烤乳豬、烤全羊或作托盤。

2.圓盤

圓盤分平盤和窩盤，圓邊或荷葉邊。平盤邊淺底平，規格從5英吋到32英吋；窩盤邊高底深，從5英吋到12英吋，共7 種型號。平盤的用途是：5 英吋作骨盤，7英吋以下用於圍碟或獨碟，8～9英吋用做熱炒或雙拼、三鑲，10英吋以上做什錦拼盤、盛裝燒烤大菜或盛放席點，16英吋左右做墊盤或拼裝花色冷盤。窩盤主要盛裝寬湯汁的燒、燜、扒、燴等菜；8英吋左右盛裝散座菜，10英吋左右的盛裝大菜。

3.高腳盤

高腳盤底平口直，有腳，圓邊或荷葉邊，2.7英吋的多作味碟，3～4英吋多裝蜜脯，8～12英吋盛裝乾果、鮮果、點心或水餃之類的食品。

4.長方盤

長方盤形狀方長，四角圓弧而腹深。宜於盛裝扒菜和造型菜，也可充當冷碟。

5.碗

碗按形狀分，包括廣口碗（碗形似喇叭）、直口碗（碗壁趨似桶形）和羅漢碗（碗肚鼓似羅漢）。按用途分，又有湯碗、菜碗、飯碗和口湯碗之別。湯碗口徑多在23公分以上，盛裝二湯或果羹。菜碗又稱「麵碗」，口徑18～20公分，裝寬湯汁的菜餚或麵食小吃。飯碗口徑為11～15公分，主要盛飯、粥，或做扣

碗。口湯碗口徑為5～9公分，可裝作料，代替接食盤，因盛湯後可一口喝完而得名。

6.品鍋

品鍋其形似盆，但有耳有蓋，邊壁比碗厚實，分4種型號。一號品鍋口徑25公分，二號品鍋口徑23公分，三號品鍋口徑21公分，四號品鍋口徑19公分。品鍋一般用來盛裝座湯，保溫性能好，多用於春冬兩季宴席中。

7.火鍋

火鍋又稱「暖鍋」、「涮鍋」，是炊具與食具合一的餐具，質地有銅、鋁、陶、不鏽鋼、搪瓷等，常以石蠟、酒精、液化氣、煤油、板炭或電能作燃料。有5 種型號，大型的有特號和一號，中型的有二號和三號，小型的為四號。合餐制宴席多用大型或中型火鍋，分餐制多用小型火鍋。有的火鍋有隔擋，名曰「鴛鴦火鍋」、「四喜火鍋」。火鍋多用於冬季，有的是烹好菜餚後轉入火鍋保溫加熱食用，有的是用生料或半成品邊涮邊食。

8.沙鍋

沙鍋又稱「砂鉢」、「燉鉢」，陶制，分五種型號。4號為小型，3號和2號為中型，1號和特號為大型。有的中有隔擋，可燜燉不同的菜餚，如「沙鍋魚頭」、「沙鍋什錦」等，主要用於冬、春兩季，邊燉邊食，原汁原味。

9.汽鍋

汽鍋似砂鉢，帶蓋，中有隆起的孔管。烹製菜餚時，另備一鍋煎熬中草藥配料，將汽鍋盛裝全雞、全鴨、全鱉、全鴿之類，放在藥鍋中燉熟，藥味透過孔管沁入菜中。此類菜餚（如黃芪汽鍋雞）既有藥香，又有菜香，滋補性強。

10.煲仔鍋

煲仔鍋是一種與沙鍋相同但比沙鍋淺的炊具。主要用於燴、燒等帶有較多湯汁的菜餚，如「牛腩芋頭煲」、「烏雞煲」等，菜餚上桌後還能保持滾沸的狀態，造成了很好的保溫作用。

11.鐵板

鐵板是一種由生鐵鑄成的橢圓形的盤子，常與訂製的木托配套。使用前先將鐵板燒至滾燙，然後墊上洋蔥絲，再鋪上烹製的菜餚，如牛柳、海鮮等，上席後澆上兌好的滷汁，熱氣蒸騰，吱吱作響，能產生濃烈香氣，增添宴席的歡樂氣氛。

12.小件餐具

小件餐具又稱進食器，係指為每位客人單獨配置的餐具。它通常是數件組合，展示不同的規格。四件（筷子、托碟、調匙、高粱杯）一組稱四件頭，多見於低檔宴席；七件（四件之外再加飲料杯、接食盤、口湯杯）一組稱「七件頭」，多用於中檔宴席；高級宴席則用「八至十一件頭」（另加紅酒杯、筷架、匙架、味碟、味匙等）。

小件餐具中，最常用的有如下六種：

（1）筷子，即夾食器，包括銀筷、象牙筷、紅木筷、烏木筷、漆筷、竹筷和木筷等，有方頭和圓頭、尖筷和平筷之分。

（2）托碟，又名「擱碟」。似平盤，邊高，圓邊或荷葉邊，有2.7英吋、3英吋、4英吋數種規格，陳列作料，擱放湯匙。

（3）湯匙，又名「湯勺」，長8～14公分，主要用做取食湯羹菜。

（4）酒杯，又名「酒盅」，高腳或矮腳，包括瓷杯、玻璃杯、玉杯、金盃、銀杯、銅杯、木杯或竹杯等。其中，容量小的盛白乾，稱作高粱杯；容量稍大的盛黃酒、果酒或藥酒，稱作色酒杯（或紅綠酒杯）；容量最大的盛啤酒、礦泉水、可樂或果汁，稱作啤酒杯（或水杯、飲料杯）。

（5）口湯杯。形似小飯碗，口徑5～9公分，主要用來分食湯汁或裝作料。

（6）接食盤。又名衛生盤或骨碟，平底，圓形，口徑在5～7英吋之間，盛放骨刺或食渣，承接剩物、雜物或湯汁。

除了常用的瓷質餐具、不鏽鋼餐具外，中國宴席中還有不少材質、形制和裝

飾用途比較特異的餐具，如竹質餐具（湖南竹筒菜、武漢小籠菜）、陶質餐具（湖北瓦罐菜、廣東煲仔菜）、漆質餐具（福州脫胎漆器、荊州仿漢漆器）、骨牙餐具（北京牙雕、內蒙古骨器）、玉石餐具（撫順琥珀杯、酒泉夜光杯）、塑紙餐具（臺灣塑料餐具，武漢紙質餐具）、金銀餐具（廣州金銀器、北京金銀器）等。它們憑藉天生的麗質，透過借形傳神的獨特設計和巧奪天工的精細打磨，將無限情趣寓於質樸無華的本色之中，具有很濃的民族文化色彩和很高的藝術收藏價值。

‖ 二、西式宴會中常見的餐具

西式宴會對於什麼類別的菜要裝什麼盤，都有嚴格的規定。西式餐具中瓷質餐具的特性與中式餐具相似，其品種主要有如下幾種：

1.小盤

小盤的規格為8～12英吋，傳統為8英吋，現代也有用10英吋的，主要用於冷盤、盛熱開胃菜、副菜、甜品、水果等。

2.湯盤

湯盤的規格與形狀有三種。第一種是凹盤類，規格為8英吋，有帶邊與無邊兩種；第二種是湯碗類，規格為6英吋，分有耳與無耳兩類；第三種是杯類，主要用於盛裝雞茶、牛茶等。

3.大盤

大盤是圓的平盤，規格為10～12英吋，傳統為10英吋，現代也有用12英吋的，主要用於盛裝主菜。

4.其他餐具

其他餐具是為烹製有特色的副菜所使用的，有長腰形烤斗，用於焗魚、焗蝦等；長腰形帶蓋的陶瓷盅，主要用於燴製野味類菜餚；帶小凹圓的圓形盤（蝸牛盤），有瓷器與不鏽鋼兩種，主要用於烙蝸牛、烙蛤蜊。

5.咖啡杯、底盤

咖啡杯、底盤是配套使用的，咖啡杯分大號、中號和小號，按不同的用餐時間來選用。

6.麵包盤

麵包盤規格為6～7英吋，傳統為6英吋，現代也有用7英吋的，主要用於宴會中盛麵包。

▎三、宴席餐具的配用原則

宴席中餐具的配用，必須注意相關法則：

（一）餐具類別要根據菜點屬性來決定

不同菜式應配用不同的餐具，如烤、炸菜用盤、碟；湯、羹菜用鉢、碗；燒、燴菜用窩盤；爆、炒菜用平盤。如果不按規則使用，會影響菜點的盛裝和美觀，也給服務和進餐造成種種不便。

（二）餐具形狀要與菜點造型相稱

中國菜式歷來重視形態美，有的圓潤飽滿，有的高聳挺拔，有的絲條均勻，有的塊片齊整，有的保持飛潛動植物的自然形態，有的被加工成各種幾何圖案。餐具除了盛放食品，還須映襯食品，因此，應當「因形選器」，使綠葉烘托紅花。例如，球面狀的菜多配圓盤，全魚和整禽多用條盤，水餃多用高腳盤，瓜果切雕多用龍舟木盤，便是這個道理。

（三）餐具大小應與菜點分量適應

量多的須配大餐具，量小的須配小餐具，裝菜不可過滿，裝湯不能超過「湯線」，其容量宜占容積的75%～85%，一則好看，二則也便於運送端放。裝魚或其他整件菜時，要前不露頭，後不露尾，留有適當空間，使視覺舒暢。

（四）餐具色彩須與菜點色彩相輝映

盛器的色調與菜餚的色調可以是「順色」（兩者比較接近），也可以是「錯

色」（兩者調開進行對比）。前者較少，後者較多，如白底餐具可裝紅、綠等深色菜；青花或紅花餐具可裝白、黃等淺色菜。目的是在盛器色彩反襯下使菜品更為豔麗爽目。

（五）餐具質理要與菜點檔次吻合

高檔酒席和名貴菜餚要用高級餐具，必要時可帶銀托、金托、紅木座或髹漆合，以示珍貴；普通酒席和低檔菜餚應配一般餐具，使其名實相符。不論何等質量的餐具，都要清洗乾淨，不可有破損（包括缺口和裂紋），不可有汙斑。

（六）小件餐具的數量要依據宴席規格和進餐需要確定

普通酒席宜配4～5件，中檔酒席宜配6～7件，高檔酒席宜配8～11件。這既可顯示接待等級，又可體現接待禮儀。

‖ 四、宴席餐具配用實例

下面是宴席餐具配用的實例，可供參考。

（一）中式宴席餐具的配用

1.冷菜

彩碟多用14～18英吋的平盤；圍碟用4～8只6英吋的腰盤；獨碟多用4～6只7英吋的平盤；雙拼冷碟多用4～6只8英吋的腰盤；三鑲冷碟多用4～6只9英吋的腰盤；什錦拼盤多用10～12英吋的平盤。

2.熱菜

熱炒多用2～6只8～9英吋的腰盤；大菜多用5～9只10～16英吋的腰盤、湯盤、方形盤；湯羹多用中湯碗（裝甜湯）和大湯碗（裝座湯）；燉盆多用1～3號燉盆。

3.點心水果

乾點多用8～10英吋的平盤；水點多用小湯碗或中湯碗；蜜脯多用3～4英吋的高腳盤；水果多用8英吋的平盤或高腳盤；炒花飯多用10英吋的窩盤；麵條多

用大號湯鉢。

（二）西式宴席餐具的配用

西餐桌上的餐具很多，吃每一樣菜點都要選用特定的餐具，不能替代或混用。通常情況下，菜品與餐具的搭配有如下講究：

（1）龍蝦類菜配熱盆（或冷盆）、魚叉、魚刀、魚蝦叉、龍蝦簽、白脫盆、白脫刀和淨手盅。

（2）鹹魚子類菜配冷盆、魚叉、魚刀、茶匙、白脫盆和白脫刀。

（3）牡蠣類菜配冷盆、牡蠣叉、白脫盆、白脫刀和淨手盅。

（4）蝸牛類菜配熱菜盆、蝸牛叉、蝸牛夾、白脫盆、白脫刀和淨手盆。

（5）水果類菜配甜點盆、水果叉、水果刀、剪刀、盛冰水的透明碗、香檳酒杯和淨手盅。

思考與練習

1.宴席中常見的酒水可分為哪些類型？

2.宴席中配用酒水有何作用？

3.列出中國著名的十大白乾、兩大黃酒的名稱。

4.中國茶的著名品種有哪些？

5.酒水與宴席的搭配應遵守哪些原則？

6.中餐宴席酒水有哪些配用方法？

7.中式宴席中常用的餐具有哪些品類？

8.宴席餐具的配用應遵守哪些原則？

第5章　宴席菜單設計

宴席設計的指導思想和宴席製作的具體要求，需要用文字記錄下來，以便遵循，這就是編制宴席菜單。設計宴席菜單，應持嚴謹態度，只有掌握宴席的結構和要求，遵循宴席菜單的編制原則，採用正確的方法，合理選配每道菜點，才能使編制出的宴席菜單完善合理，更具使用價值。

第一節　宴席菜單的定義及作用

一、宴席菜單的定義

宴席菜單，即宴席菜譜，是指按照宴席的結構和要求，將酒水冷碟、熱炒大菜、飯點蜜果等三組食品按一定比例和程序編成的菜點清單。

編制宴席菜單，餐飲行業裡稱做「開單子」，這一工作通常由宴會設計師、餐廳主廚獨立或者合作完成。宴席菜單既是設計者心血和智慧的結晶，技術水平和管理水平的標誌，又是採購原料、製作菜點、接待服務的依據，是反映宴席規格和特色的文本。

二、宴席菜單的作用

（一）宴席菜單是溝通消費者與經營者的橋梁

餐飲企業透過宴席菜單向顧客介紹宴席菜品及菜品特色，進而推銷宴席及餐飲服務。客人則透過宴席菜單瞭解整桌宴席的概況，如宴席的規格、菜點的數量、原料的構成、菜品的特色和上菜的程序等，並憑藉宴席菜單決定是否訂購宴席。因此，宴席菜單是連接餐廳與顧客的橋梁，起著促成宴席訂購的媒介作用。

（二）宴席菜單是製作宴席的「示意圖」和「施工圖」

宴席菜單在整個宴席經營活動中起著計劃和控制作用。烹飪原料的採購、廚務人員的配備、宴席菜品的製作、餐飲成本的控制、接待服務工作的安排等全都根據宴席菜單來確定。

（三）宴席菜單體現了餐廳的經營水平及管理水平

宴席菜單是整桌宴席菜品的文字記錄，舉凡選料、組配、烹製、排菜、營銷、服務等，都可由宴席菜單體現出來。透過宴席菜品的排列組合，透過宴席菜單的設計與裝幀，顧客很容易判斷出該酒店的風味特色、經營能力及管理水平。

（四）宴席菜單是一則別開生面的廣告

一份設計精美的宴席菜單，可以烘托宴飲氣氛，可以反映餐廳的風格，可以使顧客對所列的美味佳餚留下深刻印象，並作為一種藝術品來欣賞，甚至留作紀念，藉以喚起美好的回憶。

（五）宴席菜單是探尋飲食規律、創制新席的依憑

透過數量不等、規格各異、特色鮮明的各色菜單，可以察知整個席面所包含的文化素質和風俗民情，大致看出那個時代、那個地區的烹調工藝體系和飲饌文明發展程度。許多師傅傳授技藝，許多企業改善經營，許多地方創制新席，也都是以傳留的舊席單作為依憑，對其加以改造，吐故納新。現在不少名店建立席單檔案，目的也在於此。

第二節 宴席菜單的分類

宴席菜單按其設計性質與應用特點分類，有固定式宴席菜單、專供性宴席菜單和點菜式宴席菜單三類。按菜品的排列形式分類，主要有提綱式宴席菜單、表格式宴席菜單和其他形式的宴席菜單。除按這兩種體系分類外，還可按餐飲風格分類，如中式宴席菜單、西式宴席菜單、中西結合式宴席菜單；按宴飲形式分類，如正式宴席菜單、冷餐會菜單、雞尾酒會菜單、便宴菜單等。

一、按設計性質與應用特點分類

（一）固定式宴席菜單

固定式宴席菜單是餐飲企業設計人員預先設計的列有不同價格檔次和固定組合菜式的系列宴席菜單。這類菜單的特點，一是價格檔次分明，由低到高，基本上涵括了整個餐飲企業經營宴會的範圍。二是各個類別的宴席菜品已按既定的格式排好，其菜品排列和銷售價格基本固定。三是同一檔次同一類別的宴席同時列有幾份不同菜品組合的菜單，如套裝婚宴菜單、套裝壽宴菜單、套裝商務宴菜單、套裝歡慶宴菜單等，以供顧客挑選。例如，1680元／桌的慶功宴菜單，可同時提供A單與B單，A單與B單上的菜品，其基本結構是相同的，只是在少數菜品上作出了調整。

例：北京某會議中心1680元套宴菜單

套宴菜單A

鴻運八品碟

蠔皇鮮鮑片

白焯基圍蝦

清蒸大閘蟹

佛珠燒活鰻

冬瓜煲肉排

蜜瓜海鮮船

蟹柳扒瓜脯

鮑汁百靈菇

玉樹麒麟雞

濃湯大白菜

發財牛肉羹

美點雙拼

精美小吃

奉送果盤

套宴菜單B

鴻運八品碟

紅燒雞絲翅

蝦仁蟹黃斗

椰汁焗肉蟹

清蒸活鱖魚

桂林紙包雞

一口酥鴨絲

玉蘭花枝球

德式鹹豬腳

竹蓀扒菜膽

上湯浸時蔬

發財魚肚羹

美點雙拼

精美小吃

奉送果盤

固定式宴席菜單主要是以宴席檔次和宴飲主題作為劃分依據，它根據市場行

情，結合本企業的經營特色，提前將宴席菜單設計裝幀出來，供顧客選用。由於固定式宴席菜單在設計時針對的是目標顧客的一般性需要，因而對有特殊需要的顧客而言，其最大的不足是針對性不強。

（二）專供性宴席菜單

專供性宴席菜單是餐飲企業設計人員根據顧客的要求和消費標準，結合本企業資源情況專門設計的菜單。這種類型的菜單設計，由於顧客的需求十分清楚，有明確的目標，有充裕的設計時間，因而針對性很強，特色展示很充分。目前，餐飲企業所經營的宴席，其菜單以專供性菜單較為常見。例如，2009　年5月，宴會主辦人於宴會前3天來武昌麗都大酒店預訂了4桌規格為2880元／桌的迎賓宴，要求每席安排30道菜品，儘量展示酒店的特色風味，在雅廳包間開席。經協商現場確定了金湯海虎翅、富貴烤乳豬、椒鹽大王蛇、木瓜燉雪蛤等4　款特色名貴菜餚，其席單如下：

麗都大酒店迎賓宴席單

一彩碟：白雲黃鶴喜迎賓。

六圍碟：手撕臘鱥魚、美極醬牛肉、老醋泡蜇頭、薑汁黑木耳、紅油拌白肉、青瓜蘸醬汁。

二熱炒：XO醬爆油螺、鳥巢水晶蝦。

八大菜：金湯海虎翅（位）、富貴烤乳豬、香芒龍蝦仔、燜原汁鱺魚、清蒸左口魚、雞汁燴菜心、椒鹽大王蛇、琥珀銀杏果。

二湯羹：木瓜燉雪蛤（位）、松茸土雞湯。

四細點：菊花酥、雪媚娘、臘腸卷、粉果餃。

一果盤：什錦水果盤（位）。

（三）點菜式宴席菜單

點菜式宴席菜單是指顧客根據自己的飲食喜好，在飯店提供的點菜單或原料中自主選擇菜品，組成一套宴席菜品的菜。許多餐飲企業把宴席菜單的設計權

利交給顧客,酒店提供通用的點菜菜單,任顧客在其中選擇菜品,或在酒店提供的原料中由顧客自己確定烹調方法、菜餚味型組合成宴會套餐,酒店設計人員或接待人員只在一旁做情況說明,提供建議,協助其制定宴席菜單。還有一種做法是,酒店將同一檔次的兩套或三套菜單中的菜品按大類合併在一起,讓顧客從其中的菜品裡任選其一,組合成宴會套餐。讓顧客在一個更大的範圍內自主點菜、自主設計成的宴會菜單,在某種意義上說,具有適合性。

例:商務活動點菜式宴席菜單

透味涼菜

手撕爽口鰍魚

筍瓜醋拌蜇皮

話梅浸泡芸豆

金鉤翡翠菠菜

特色主菜

奶湯野生甲魚

濃湯木瓜魚肚

雲腿芙蓉雞片

風味紅炆爪方

龍井滑炒蝦仁

軟炸芝麻藕元

蘆筍蠔油香菇

蟹味雙黃魚片

臘肉紅山菜苔

原燒長江鮰魚

精美靚湯

孝感太極米酒

瓦罐蘿蔔牛肉

美點雙輝

菜汁養生麵

香煎玉米餅

▍二、按宴席菜單的格式分

（一）提綱式席單

提綱式席單，又稱簡式席單。這種宴席菜單須根據宴席規格和客人要求，按照上菜順序依次列出各種菜餚的類別和名稱，清晰醒目地分行整齊排列；至於所要購進的原料以及其他說明，則往往有一附表（有經驗的廚師通常將此表省略）作為補充。這種宴席菜單好似生產任務通知書，常常要開多份，以便各部門按指令執行。講究的宴席菜單，主人往往索取多份，連同請柬送給赴宴者，以顯示規格和禮儀；在擺台時也可擱放幾張，既可讓顧客熟悉宴席概況，又能充當一種裝飾品和紀念品。餐飲企業平常所用的宴席菜單多屬於這種簡式菜單。

例1：羊城風味宴席菜單

菊花燴五蛇

脆皮炸仔雞

津菜扒大鴨

香煎明蝦碌

杏圓燉水魚

冬筍炒田雞

荔脯芋扣肉

清蒸活鱸魚

四式生菜膽

蝦仁蛋炒飯

例2：楚鄉全菱席席單

彩碟：紅菱青萍。

圍碟：鹽水菱片、椒麻菱丁、蜜汁菱絲、酸辣菱條。

熱炒：蝦仁菱米、糖醋菱塊、里脊菱茸、財魚菱片。

大菜：魚肚菱粥、酥炸菱夾、雞脯菱塊、粉蒸菱角、拔絲菱段、蓮子菱羹、紅燒菱鴨、菱膀燉盆。

點心：菱絲酥餅、菱蓉小包。

果茶：出水鮮菱、菱花香茗。

（二）表格式席單

表格式席單，又稱繁式席單。這種宴席菜單既按上菜順序分門別類地列出所有菜名，同時又在每一菜名的後面列出主要原料、主要烹法、成菜特色、配套餐具，還有成本或售價等。這種宴席菜單設計時雖然特別煩瑣，但宴席結構的三大部分剖析得明明白白，如同一張詳備的施工圖紙。廚師一看，清楚如何下料，如何烹製，如何排菜；服務人員一看，知曉酒宴的具體進程，能在許多環節上提前做好準備。

例：四川冬令高檔魚翅席設計表

格式	類別	菜品名稱	配食	主料	烹法	口味	色澤	造型
冷菜	彩盤	熊貓嬉竹		雞魚等料	拼擺	鹹甜	彩色	工藝造型

續表

格式	類別	菜品名稱	配食	主料	烹法	口味	色澤	造型
冷菜	六單碟	燈影牛肉		牛肉	醃烘	麻辣	紅亮	片形
		紅油雞片		雞肉	煮拌	微辣	白紅	片形
		蔥油魚條		魚肉	炸烤	鮮香	棕紅	條狀
		椒麻肚絲		豬肚	煮拌	麻香	白青	絲狀
		糖醋菜卷		蓮白	醃拌	甜酸	白綠	卷狀
		魚香鳳尾		筍尖	焯拌	清鮮	綠色	條狀
正菜	頭菜	紅燒魚翅		魚翅	紅燒	醇鮮	琥珀	翅狀
	熱葷	叉燒酥方	雙麻酥	豬肉	烤	香酥	金黃	方形
	二湯	推紗望月	龍珠餃、火腿油花	竹蓀、鴿蛋	川燙	清鮮	棕白相間	工藝造型
	熱葷	乾燒岩鯉		岩鯉	乾燒	醇鮮	紅亮	整形
	熱葷	鮮溜雞絲		雞肉	溜	鮮嫩	玉白	絲狀
	素菜	奶湯菜頭		白菜頭	煮燴	清鮮	白綠	條狀
	甜菜	冰汁銀耳	鳳尾酥、燕窩耙	銀耳	蒸	純甜	玉白	朵狀
	座湯	蟲草蒸鴨	銀絲卷、金絲麵	蟲草、鴨子	蒸	醇鮮	橘黃	整形
飯菜	四素菜	素炒豆尖		豌豆尖	熗	清香	青綠	絲狀
		魚香紫菜		油菜頭	炒	微辣	紫紅	條狀
		跳水豆芽		綠豆芽	泡	脆嫩	玉白	針狀
		胭脂蘿蔔		紅蘿蔔	泡	脆嫩	白紅	塊狀
水果	兩種	江津廣柑、茂汶蘋果						

第三節 宴席菜單的編制原則

一、宴席菜單設計的指導思想

宴席菜單設計的指導思想是：科學合理，整體協調，豐儉適度，確保盈利。

（一）科學合理

科學合理是指在設計宴席菜單時，既要充分考慮顧客飲食習慣和品位習慣的

合理性，又要考慮宴席膳食組合的科學性。調配宴席膳食，不能將山珍海味、珍禽異獸、大魚大肉等進行簡單堆疊，更不能為了炫富擺闊而暴殄天物，而應注重宴席菜品間的相互組合，使之真正成為平衡膳食。

（二）整體協調

整體協調是指在設計宴席菜單時，既要考慮到菜品本身色、質、味、形的相互聯繫與相互作用，又要考慮到整桌宴席中菜品之間的相互聯繫與相互作用，更要考慮到菜品應與顧客不同層次的需求相適應。強調整體協調的指導思想，意在防止顧此失彼或只見樹木，不見森林等設計現象的發生。

（三）豐儉適度

豐儉適度是指在設計宴席菜單時，要正確引導宴席消費。遵循「按質論價，優質優價」的配膳原則，力爭做到質價平衡。菜品數量豐足時，不能造成浪費；菜品數量偏少時，要保證客人吃飽吃好。豐儉適度，有利於倡導文明健康的宴席消費觀念和消費行為。

（四）確保盈利

確保盈利是指餐飲企業要把自己的盈利目標自始至終貫穿到宴會菜單設計中去，即既讓顧客的需要從菜單中得到滿足，權益得到保護，又要透過合理有效手段使菜單為本企業帶來應有的盈利。

‖ 二、宴席菜單設計的原則

宴席菜單設計應遵循以下基本原則：

（一）按需配菜，參考制約因素

這裡的「需」指賓主的要求，「制約因素」指客觀條件。兩者有時統一，有時會有矛盾，應當互相兼顧，忽視任何一個方面，都會影響宴飲效果。

編制宴席菜單，一要考慮賓主的願望。對於訂席人提出的要求，如想上哪些菜，不願上哪些菜，上多少菜，調什麼味，何時開席，在哪個餐廳就餐，只要是

在條件允許的範圍內，都應當儘量滿足。二要考慮宴席的類別和規模。類別不同，配置菜點也需變化。例如，壽宴可用「蟠桃獻壽」，如果移之於喪宴，就極不妥當；一般宴席可上梨子，倘若用之於婚宴，就大殺風景。再如，操辦桌次較多的大型宴席，忌諱菜式的冗繁，更不可多配工藝造型菜，只有選擇易於成形的原料，安排便於烹製的菜餚，才能保證按時開席。三要考慮貨源的供應情況，因料施藝。原料不齊的菜點儘量不配，積存的原料則優先選用。四要考慮設備條件，如餐室的大小要能承擔接待的任務，設備設施要能勝任菜點的製作要求，炊飲器具要能滿足開席的要求。五要考慮自身的技術力量。水平有限時，不要冒險承製高級酒宴；廚師不足時，不可一次操辦過多的宴席；特別是對待奇異而又陌生的菜餚，更不可抱僥倖心理。設計者紙上談兵，值廚者必定臨場誤事。

（二）隨價配菜，講究品種調配

這裡的「價」，指宴席的售價。隨價配菜即是按照「質價相稱」、「優質優價」的原則，合理選配宴席菜點。一般來說，高檔宴席，料貴質精；普通酒宴，料賤質粗。如果聚餐賓客較少，出價又高，則應多選精料好料，巧變花樣，推出工藝複雜的高檔菜品；如果聚餐賓客較多，出價又低，則應安排普通原料，上大眾化菜品，保證每人吃飽吃好。總之，售價是排菜的依據，既要保證餐館的合理收入，又不使顧客吃虧。編制宴席菜單時，調配品種有許多方法：①選用多種原料，適當增加素料的比例；②名特菜品為主，鄉土菜品為輔；③多用造價低廉又能烘托席面的高利潤菜品；④適當安排技法奇特或造型艷美的菜點；⑤巧用粗料，精細烹調；⑥合理安排邊角餘料，物盡其用。這既節省成本，美化席面，又能給人豐盛之感。

（三）因人配菜，迎合賓主嗜好

這裡的「人」指就餐者。「因人配菜」就是根據賓主（特別是主賓）的國籍、民族、宗教、職業、年齡、體質以及個人嗜好和忌諱，靈活安排菜式。

中國幅員遼闊，民族眾多，不同地區有不同的口味要求。隨著四方交往頻繁，食俗不同的就餐者越來越多。宴席設計者只有區別情況，「投其所好」，才能充分滿足賓客的不同要求。

編制宴席菜單時，一旦涉及外賓，首先應瞭解的便是國籍。國籍不同，口味嗜好會有差異。譬如，日本人喜清淡、嗜生鮮、忌油膩，愛鮮甜；義大利人要求醇濃、香鮮、原汁、微辣、斷生並且硬韌。無論是接待外賓還是內賓，都要十分注意就餐者的民族和宗教信仰。例如，信奉伊斯蘭教的禁血生，禁外葷；信奉喇嘛教的禁魚蝦，不吃糖醋菜。凡此種種，都要瞭如指掌，相應處置。至於漢民，自古就有「南甜北鹹、東淡西濃」的口味偏好；即使生活在同一地方，假若職業、體質不同，其飲食習尚也有差異，如體力勞動者愛肥濃，腦力勞動者喜清淡，老年人喜歡軟糯，年輕人喜歡酥脆，孕婦想吃酸菜，病人愛喝清粥等，能照顧時都要照顧。還有當地傳統風味以及賓主指定的菜餚，更應注意編排，排菜的目標就是要讓客人皆大歡喜。

（四）應時配菜，突出名特物產

這裡的「時」指季節、時令。「應時配菜」指設計宴席菜單要符合節令的要求。像原料的選用、口味的調配、質地的確定、色澤的變化、冷熱乾稀的安排之類，都須視氣候不同而有差異。

首先，要注意選擇應時當令的原料。原料都有生長期、成熟期和衰老期，只有成熟期上市的原料，方才滋汁鮮美，質地適口，帶有自然的鮮香，最宜烹調。譬如，魚類的食用佳期，鯽、鯉、鰱、鱖是2～4月，鰣魚是端午前後，鱔魚是小暑節前後，甲魚是6～7月，草魚、鯰魚和大馬哈魚是9～10月，烏魚則為冬季。其次，要按照節令變化調配口味。「春多酸、夏多苦、秋多辣、冬多鹹，調以滑甘。」夏秋偏重清淡，冬春趨向醇濃。與此相關聯，冬春宴席習飲白乾，應多用燒菜、扒菜和火鍋，突出鹹、酸，調味濃厚；夏秋宴席習飲啤酒，應多用炒菜、燴菜和涼菜，偏重鮮香，調味清淡。再次，注意菜餚滋汁、色澤和質地的變化。夏秋氣溫高，應是汁稀、色淡、質脆的菜餚居多；春冬氣溫低，要以汁濃、色深、質爛的菜餚為主。

（五）酒為中心，席面貴在變化

中國是產酒和飲酒最早的國家，素有「酒食合歡」之說。設宴用酒始於夏代，現今更是「無酒不成席」。人們稱辦宴為「辦酒席」，請客為「請酒」，赴

宴為「吃酒」，至於賓主間相互祝酒，更是中華民族的一種傳統禮節。由於酒可刺激食慾，助興添歡，因此，人們歷來都注重「酒為席魂」、「菜為酒設」的辦宴法則。從宴席編排的程序來看，先上冷碟是勸酒，跟上熱菜是佐酒，輔以甜食和蔬菜是解酒，配備湯菜與茶果是醒酒。考慮到飲酒吃菜較多，故宴席菜品調味一般偏淡，而且利於佐酒的松脆香酥菜餚和湯羹類菜餚占有較大比例；至於飯點，常是少而精，僅僅造成「壓酒」的作用而已。

在注重酒與菜的關係時，不可忽視菜品之間的相互協調。宴席既然是菜品的組合藝術，理所當然要講究席面的多變性。要使席面豐富多彩，賞心悅目，在菜與菜的配合上，務必注意冷熱、葷素、鹹甜、濃淡、酥軟、乾稀的調和。具體地說，要重視原料的調配、刀口的錯落、色澤的變換、技法的區別、味型的層次、質地的差異、餐具的組合和品種的銜接。其中，口味和質地最為重要，應在確保口味和質地的前提下，再考慮其他因素。

（六）營養平衡，強調經濟實惠

飲食是人類賴以生存的重要物質。人們赴宴，除了獲得口感上、精神上的享受之外，主要還是借助宴席補充營養，調節人體機能。宴席是一系列菜品的組合，完全有條件構成一組平衡的膳食。所謂膳食平衡，即人們從膳食中獲得的營養物質與維持正常生理活動所需要的物質，在量和質上基本一致。配置宴席菜餚，要多從宏觀上考慮整桌菜點的營養是否合理，而不能單純累計所用原料營養素的含量；還應考慮這組食品是否利於消化，是否便於吸收以及原料之間的互補效應和抑制作用如何。在理想的膳食結構中，脂肪含量應占17％～25％，碳水化合物的含量應占60％～70％，蛋白質的含量應占12％～14％；成人每日攝取的總熱量應在2200～2800千卡之間。與此同時，宴席中的膳食還要提供相應的礦物質、豐富的維生素和適量的植物纖維。當今世界時興「彩色營養學」，要求食品種類齊全，營養比例適當，提倡「兩高三低」（高蛋白、高維生素、低熱量、低脂肪、低鹽）。而中國傳統的宴席往往片面追求重油大葷，忽視素料的使用；過分講究造型，忽視對營養素的保護利用。所以，現今選擇菜點，應適當增加植物性原料，使之保持在1/3左右。此外，在保證宴席風味特色的前提下，還須控制

用鹽量，以清鮮為主，突出原料本味，以維護人體健康。

為了降低辦宴成本，增強宴飲效果，設計宴席菜單時，不能崇尚虛華、唯名是崇，也不能貪多求大，造成浪費。所以，原料的進購、菜餚的搭配、宴席的製作、接待服務、營銷管理等都應從節約的角度出發，力爭以最小的成本，獲取最佳的效果。

第四節 宴席菜單的編制方法

宴席菜單設計的過程，分為菜單設計前的調查研究、宴席菜單的菜品設計和菜單設計的檢查三個階段，現分述如下。

┃一、宴席菜單設計前的調查研究

根據菜單設計的相關原則，在著手進行宴席菜單設計之前，首先必須做好與宴席相關的各方面的調查研究工作，以保證菜單設計的可行性、有針對性和高質量。調查研究主要是瞭解和掌握與宴請活動有關的情況。調查越具體，瞭解的情況越詳盡，設計就越心中有底，越能與顧客的要求相吻合。

（一）調查的主要內容

（1）宴會的目的性質、宴會主題或正式名稱、主辦人或主辦單位。

（2）宴席的用餐標準。

（3）出席宴會的人數或宴席的桌數。

（4）宴會的日期及宴席開始時間。

（5）宴會的類型，即中式宴席、西式宴席或中西結合式宴席等。如是中式宴席，是哪一種，如婚慶宴、壽慶宴、節日宴、團聚宴、迎送宴、祝捷宴、商務宴等。

（6）宴會的就餐形式。是設座式還是站立式；是分食制、共食制還是自助

式。

（7）出席宴席賓客尤其是主賓對宴席菜品的要求，他們的職業、年齡、生活地域、風俗習慣、生活特點、飲食喜好與忌諱等。

（8）對於高規格的宴席或者是大型宴會，除瞭解以上幾個方面的情況外，還要掌握更詳盡的宴會訊息，特別是訂席人的特殊要求。

（二）分析研究

在充分調查的基礎上，要對獲得的訊息材料加以分析研究。首先，對有條件或透過努力能辦到的，要給予明確的答覆，讓顧客滿意；對實在無法辦到的要向顧客做解釋，使他們的要求和酒店的現實可能性相互協調起來。其次，要將與宴席菜單設計直接相關的材料和其他方面的材料分開來處理。最後，要分辨宴席菜單設計有關訊息的主次、輕重關係，把握住緩辦與急辦的需要關係。例如，有的宴會預訂的時間早，菜單設計有充裕的時間，可以做好多種準備，而有的宴會預訂留下的時間只有幾小時，甚至是現場設計，菜單設計的時間倉促，必須根據當時的條件和可能，以相對滿足為前提設計宴席菜單。

總之，分析研究的過程是協調酒店與顧客關係的過程，是為下一步有效地進行宴席菜單設計明確設計目標、設計思想、設計原則和掌握設計依據的過程。

‖ 二、宴席菜單的菜品設計

宴席菜單的菜品設計，通常有確定菜單設計的核心目標、確定宴席菜品的構成模式、選擇宴席菜品、合理排列宴席菜品及編排菜單樣式五個步驟，少數宴席菜單還要另列「附加說明」。

（一）確定菜單設計的核心目標

目標是宴席菜單設計所期望實現的狀態。宴席菜單的目標狀態，是由一系列的指標來描述的，它們反映了宴會的整體狀態。宴席的核心目標是由宴席的價格、宴會的主題及宴席的風味特色共同構成的。例如，揚州某酒店承接了每席定價為880元的婚慶喜宴30桌的預訂。這裡的婚慶喜宴即宴席主題，它對宴席菜單

設計乃至整個宴飲活動都很重要。這裡的每席880元的定價即宴席價格，它是設計宴席菜單的關鍵性影響因素，它與宴席菜品成本和利潤直接連接在一起，涉及每一道菜品的安排，也涉及顧客對這一價格水平的宴席菜品的期望。宴席的風味特徵是宴席菜單設計所要體現的總的傾向性特徵，因而也涉及每道菜及其相互聯繫的問題。這裡所選的菜品要能突出淮揚風味，它是宴席菜單設計特別看重的問題之一，顧客對此最為關注。

我們設計宴席菜單，首先必須明確宴席的核心目標，待核心目標確定後，再逐一實現其他目標。

（二）確定宴席菜品的構成模式

宴席菜品的構成模式即宴席菜品的格局。前面已經介紹過：現代中式宴席的結構主要由冷菜、熱炒大菜和飯點蜜果三大部分所構成。雖然各地的排菜格局不盡相同，但同一場次的宴席絕大多數是根據當地的習俗選用一種排菜格局。

確定宴席的排菜格局，必須根據宴會類型、就餐形式、宴席成本及規劃菜品的數目，細分出每類菜品的成本及其具體數目。在此基礎上，根據宴會的主題及宴席的風味特色定出一些關鍵性菜品，如彩碟、頭菜、座湯、首點等，再按主次、從屬關係確定其他菜品，形成宴席菜單的基本架構。

為了防止宴席成本分配不合理，出現「頭重腳輕」、「喧賓奪主」、「滿員超編」、「尾大不掉」等比例失調的情況，在選配宴席菜點前，可先按照宴會席的規格，合理分配整桌宴席的成本，使之分別用於冷菜、熱菜和飯點蜜果。通常情況下，這三組食品的成本比例大致為：10%～20%、60%～80%、10%～20%。例如，一桌成本為400元的中檔酒席，這三組食品的成本分別為：冷碟，60元；熱菜，280元；飯點茶果，60元。在每組食品中，又須根據宴會席的要求，確定所用菜點的數量，然後，將該組食品的成本再分配到每個具體品種中去；每個品種有了大致的成本後，就便於決定使用什麼質量的菜品及其用料了。儘管每組食品中各道菜點的成本不可能平均分配，有些甚至懸殊較大，但大多數菜點能夠以此作為參照的憑據。又如，上述宴席，如果按要求安排四雙拼，則每道雙拼冷盤的成本應在15元左右，不可能使用檔次過高或過低的原材料。

（三）選擇宴席菜品

明確了整桌宴席所用菜品的種類、每類菜品的數量、各類菜品的大致規格後，接下來就要確定整桌宴席所要選用的菜點了。宴席菜品的選擇，應以宴席菜單的編制原則為前提，還要分清主次詳略，講究輕重緩急。一般來說，第一步要考慮賓主的要求，凡答應安排的菜點，都要安排進去，使之醒目。第二步要考慮最能顯現宴會席主題的菜點，以展示宴會席的特色。第三步要考慮飲食民俗，當地同類酒席的習用菜點，要儘量排上，以顯示地方風情。第四步要考慮宴席中的核心菜點，如頭菜、座湯等，它們是整桌宴席的主角，與宴席的規格、主題及風味特色等聯繫緊密，沒有它們，宴會席就不能綱舉目張，枝幹分明。這些菜點一經確立，其他配套菜點便可相應安排。第五步要發揮主廚所長，推出拿手菜點，或亮出本店的名菜、名點、名小吃。與此同時，特異餐具也可作為選擇對象，藉以提高知名度。第六步要考慮時令原料，排進剛上市的土特原料，更能突出宴席的季節特徵。第七步要考慮貨源供應情況，安排一些價廉物美而又便於調配花色品種的原料，以便於平衡宴席成本。第八步要考慮葷素菜餚的比例，無論是調配營養、調節口感還是控制宴席成本，都不可忽視素菜的安排，一定要讓素菜保持合理的比例。第九步要考慮湯羹菜的配置，注重整桌菜品的乾稀搭配。第十步要考慮菜點的協調關係，以菜餚為主，點心為輔，互為依存，相互輝映。

（四）合理排列宴席菜品

宴席菜品選出之後，還須根據宴會席的結構，參照所定宴席的售價，進行合理篩選或補充，使整桌菜點在數量和質量上與預期的目標趨近一致。待所選的菜品確定後，再按照宴席的上菜順序將其逐一排列，便可形成一套完整的宴會菜單。

菜品的篩選或補充，主要看所用菜點是否符合辦宴的目的與要求，所用原料是否搭配合理，整個席面是否富於變化，質價是否相稱，等等。對於不太理想的菜點，要及時調換，重複多餘的部分，應堅決刪去。

現今餐飲業的部分管理人員、服務人員及少數主廚編制宴席菜單，喜歡借用本店或同類酒店的套宴菜單，從中替換部分菜品，使得整桌宴席的銷售價格與定

價基本一致。這種借鑑的方式雖然簡便省事，但一定要注意菜品的排列與組合。整桌菜點在數量、質量及特色風味上一定要與預期的目標趨近一致。

（五）編排菜單樣式

宴席菜單不僅強調菜品選配排列的內在美，也很注重菜目編排樣式的形式美。

編排菜單的樣式，其總體原則是醒目分明，字體規範，易於識讀，勻稱美觀。

中餐宴席菜單中的菜目有橫排和豎排兩種。豎排有古樸典雅的韻味，橫排更適應現代人的識讀習慣。菜單字體與大小要合適，讓人在一定的視讀距離內，一覽無餘，看起來疏朗開放，整齊美觀。要特別注意字體風格、菜單風格、宴會風格三者之間的統一。例如，揚州迎賓館宴會菜單封面、封底是以揚州出土的漢瓦當圖案的底紋，這與漢代宮殿風格的建築相匹配，更契合揚州自漢代開始便興盛發達、名揚天下的悠久歷史。菜單內面上的菜名字體選用的是隸書，因為隸體書法比電腦影印的隸體更顯典雅珍貴，三種風格以一種完美的審美形式統一起來了。

附外文對照的宴席菜單，要注意外文字體及大小、字母大小寫、斜體的應用、濃淡粗細的不同變化。其一般視讀規律是：小寫字母比大寫字母易於辨認，斜體適合於強調部分，閱讀正體和小寫字母眼睛不易疲勞。

此外，在宴席菜單上可以註明飯店（餐館）名稱、地址、預訂電話等訊息，以便進一步推銷宴會，提醒客人再度光臨。

（六）菜單附加說明

有的宴席菜單，除了正式的菜單外，還有「附加說明」。「附加說明」不是多餘之舉，而是對宴席菜單的補充和完善。它可以增強席單的實用性，充分發揮其指導作用。宴席菜單的「附加說明」，包含如下內容：①介紹宴席的風味特色、適用季節和適用場合。②介紹宴席的規格、宴會主題和辦宴目的。③分類列出所用的烹飪原料和餐具，為操辦宴席做好準備。④介紹席單出處及有關的掌故

傳聞。⑤介紹特殊菜點的製作要領以及整桌宴席的具體要求。

下面是一份江南家宴菜單及其原料進購清單，可供參考：

江南家宴菜單（團年宴）		
類別	菜品名稱	佔成本百分比
冷菜	紅油肚絲　　五香牛肉 糖醋油蝦　　廣米香芹 麻辣肚襠　　蜜汁甜棗	14%
熱炒 大菜	蒜爆魷魚　　茄汁魚餅 臘味藜蒿　　魚香腰花 全家福壽　　紅燒全膀 八寶酥鴨　　桂圓甜羹 菜心奎圓　　植蔬四寶 脆溜龍魚　　人蔘燉雞	73%
點心 水果	喜沙甜包　　合歡水餃 母子臍柑　　茉莉花茶	13%
桌數：10桌		

附：家宴原料進購清單（按10桌計算）

（一）葷料進購單

淨豬肚 3000克

豬後腿肉 5000克

河蝦 3000克

鮮鯉魚 10條（每條約900克）

牛肉 4000克

雞蛋 1500克

魷魚 6500克

蝦仁 600克

鮮豬腰 5000克

臘香腸 450克

土雞 10隻（每隻約1200克）

海米 250克

仔鴨 10隻（每隻約1000克）

水發刺參 1000克

青魚 9000克

水發魚肚 1000克

前蹄膀 10隻（每隻約900克）

鮮貝 600克

（二）素料進購單

萵蒿 4500克

紅蘿蔔 2000克

芹菜 3000克

桂圓罐頭 5瓶

養殖人參 200克

銀耳 250克

大蒜 1000克

蓮米 250克

糯米 500克

蜜棗 2000克

香菇 300克

宜昌臍柑 110個

冬筍 500克

小豆沙包 110個

玉米筍 3聽

三鮮水餃 5500克

草菇 3聽

茉莉花茶 250克

菜心 2000克

（三）調味料進購單

番茄醬 3瓶

味精 400克

五香滷料 1小袋

沙拉油 8000克

乾紅辣椒 200克

小麻油 1瓶（500克）

花椒 100克

紅辣椒油 1瓶

小蔥 250克

香醋 2瓶

生薑 400克

料酒 1瓶

醬油 2瓶

乾澱粉 700克

白糖 2000克

胡椒粉 100克

食鹽 1000克

‖ 三、宴席菜單設計的檢查

宴席菜單設計完成後,需要進行全面檢查。檢查分兩個方面:一是對設計內容的檢查;二是對設計形式的檢查。

(一)宴席菜單設計內容的檢查

(1)是否與宴會主題相符合。

(2)是否與價格標準或檔次相一致。

(3)是否滿足了顧客的具體要求。

(4)菜點數量的安排是否合理。

(5)風味特色和季節性是否鮮明。

(6)菜品間的搭配是否體現了多樣化的要求。

(7)整桌菜點是否體現了合理膳食的營養要求。

(8)是否凸顯了設計者的技術專長。

(9)烹飪原料是否能保障供應,是否便於烹調操作和接待服務。

(10)是否符合當地的飲食民俗,是否顯示地方風情。

(二)宴席菜單設計形式的檢查

(1)菜目編排順序是否合理。

（2）編排樣式是否布局合理、醒目分明、整齊美觀。

（3）是否與宴會菜單的裝幀、藝術風格相一致，是否與宴會廳風格相一致。

在檢查過程中，發現有問題的地方要及時改正過來，發現遺漏的要及時補上去，以保證宴席菜單設計質量的完美性。如果是固定式宴席菜單，設計完成後即直接用於宴會經營；如果是為某個社交聚會設計的專供性宴會菜單，設計後，一定要讓顧客過目，徵求意見，得到顧客認可；如果是政府指令性宴會菜單設計，要得到有關領導的同意。

第五節 宴席菜單設計應注意的事項

‖ 一、一般情況下的宴席菜單設計應注意的事項

（1）宴席菜品的原材料應選用市場上易於採購的原料。

（2）選用易於儲存、易於烹調加工且質量能夠保持的原料。

（3）宴席菜單所涉及的原料要能保持和提高菜品質量水準。

（4）選用物美價廉且有多種利用價值的原料。

（5）所選的原料對人體健康無毒無害，不存在安全衛生問題。

（6）不選用質量不易控制或不便於操作的菜品。

（7）不選用顧客忌食的食物；不選用絕大多數人不喜歡的菜品。

（8）不選用利潤率過低的菜品，不選用重複性的菜品。

（9）慎用色彩晦暗、形狀恐怖的菜品；慎用含油量太大的菜品。

（10）不選用有損飯店利益與形象的菜品。

‖ 二、不同特點的宴席菜單設計應注意的事項

（一）不同規格的宴席菜單設計應該注意的事項

（1）在宴席菜品設計前要清楚地知道所要設計的宴席標準。

（2）準確地掌握不同部分菜品在整個宴會菜品成本中所占的比例。

（3）準確掌握每一道菜品的成本與售價，清楚地知道它們適用於何種規格檔次、何種類型的宴會。

（4）合理地把握宴席規格與菜餚質量的關係。

（5）高規格的宴席中可適當穿插做工考究、品位高、形制好的工藝造型菜。

（二）不同季節的宴席菜單設計應該注意的事項

（1）熟悉不同季節的應時原料，知道這些原料上市下市的時間以及價格的漲跌規律。

（2）瞭解應時原料適合製作的菜品，掌握應時應季菜品的製作方法。

（3）根據時令菜的價格及特性，將其組合到不同規格、不同類型的宴會菜單中。

（4）準確把握不同季節裡人們的味覺變化規律；味的調配要順應季節變化。瞭解人們在不同季節由於味覺變化帶來的對菜品色彩選擇的傾向性。

（5）瞭解人們在不同季節對菜品溫度感覺的適應性。一般而言，夏季應增加有涼爽感的菜品；冬季應增加沙鍋、煲類、火鍋之類有溫暖感的菜品。

（三）受風俗習慣影響時，宴席菜單設計應該注意的事項

（1）瞭解並掌握本地區人們的飲食風俗、飲食習慣、飲食喜好。

（2）掌握不同性質宴會菜品應用的特定需要與忌諱。

（3）瞭解不同地區、不同民族、不同國家人們的飲食風俗習慣和飲食禁忌，有針對性地設計宴席菜品。

（四）接待不同宴飲對象時，宴席菜單設計應該注意的事項

（1）接受宴會任務前，要瞭解宴飲對象的年齡、性別、職業、地域等，選擇與之相適應的菜品組合方式和策略。

（2）瞭解宴飲對象的飲食風俗習慣、生活特點、飲食喜好與飲食禁忌，選擇與之相適應的特色菜品。

（3）正確處理好宴飲對象共同喜好與特殊喜好之間的關係。

（4）瞭解宴會舉辦者的目的要求和價值取向，並把它落實到宴會菜品設計中。

思考與練習

1.什麼是宴席菜單？宴席菜單有何作用？

2.宴席菜單按設計性質與應用特點可分為哪幾種類型？

3.宴席菜單設計的指導思想及其設計原則是什麼？

4.宴席菜單的設計過程可分為哪幾個階段？

5.設計宴席菜單之前應調查哪些相關內容？

6.宴席菜單的菜品設計通常有哪幾個步驟？

7.宴席菜單設計應注意哪些問題？

8.請按下列要求設計一份宴席菜單：

（1）宴席類別：迎賓宴或節日宴任選其一，季節為夏季；

（2）地方風味：設計者所在省區的家鄉風味；

（3）宴席成本：整桌宴席的成本控制在350～400元之間；

（4）菜單形式：標準菜單（命名規範、分門別類、體現上菜順序、註明每道菜品的成菜特色及菜品成本）。

類別	菜品名稱	成菜特色	成本（元）
冷菜			
熱菜			
點心			
水果			

_____宴席菜單

第6章 宴席台面與台形設計

　　幽雅大方的就餐環境與實用美觀的宴席台面設計，將為客人營造出良好的就餐氛圍，優質的宴會服務能夠提升赴宴賓客的滿意度，能給酒店帶來積極的口碑。宴席台面與台形設計主要由服務人員來完成，它在整個宴飲活動中占有非常重要的地位。

第一節 宴會場景設計

　　宴會場景設計是指針對宴席進餐場地的布置、裝飾以及餐桌椅排列而制定的方案或圖樣。宴會場地是賓客的主要活動場所，人們可以從它的布置上感受到宴會的主題與氣氛，故而其設計的好壞直接影響到宴會的效果。

┃一、宴會場景的設計原則

1.符合主題，富於美感

　　由於舉辦宴會的目的不同，其所表現的主題也有差異，設計時必須依據其主題來確定環境氣氛的基調，如莊重、熱烈、隆重、典雅、豪華等；或具有某一地方特色與民族特色。這可利用花卉盆景、地方或民族名特工藝品、牆飾標誌、色調燈光、設備器物等手段來體現。

2.中心突出，方便實用

　　宴會的講台、主台等中心位置要明顯突出，桌椅之間的排列要整齊美觀，方便客人進餐出入和服務人員服務。設計時還要考慮餐廳內的客觀條件和具體情況，不可千篇一律。

二、宴會場景設計的步驟與方法

（一）確定餐台

確定餐台，即定好餐台的類別、形狀、數量及規格。

1.主台

宴會主台指供宴席主賓、主人或其他重要客人就餐的餐台，通稱為「1號台」，它是宴請活動的中心部分。主台一般只設1個，安排8～20人就座，用圓形台或條形台。中餐宴會以圓形主台為多，主台的規格為：圓台直徑最小為180公分，且要比其他餐台大。長台規格至少為240公分×120公分，根據所坐人數，再相應增大。

2.副主台

參加宴會的貴賓較多時，可設若干副主台。它以圓台為主，設2～4個，每席坐8～12人。其大小應在主台和普通台之間，一般是直徑為160～180公分。

3.一般餐台

多選用圓台，每席坐10人，餐台的直徑至少應為160公分，但對於中低檔大型宴會，由於場地面積的限制，也可選用相應略小的規格。

4.備餐台

多為長條形，根據餐桌數量和服務要求而設。一般是1餐台配1個或2～4個餐台配1個，用小條桌、活動折疊桌或小方桌拼接。備餐台有多種規格，不作統一要求，應視具體情況而定，如40公分×80公分、45公分×90公分、80公分×160公分等。

5.臨時酒水台

宴會規模較大時，可設若干臨時酒水台，以方便值台員取用。精心布置的酒水台還具有一定的裝飾效果。在有充足備餐台的情況下，亦可不設酒水台，而直接將酒水擺在備餐台上。酒水台的形狀、規格不作統一要求。

（二）確定餐椅

宴會餐椅以靠背椅為主，主台的餐椅可以特殊一些，場地較小時還可選用餐凳，同時還要考慮預備一定數量的備用餐椅。

（三）確定綠化裝飾

1.綠化裝飾區域

綠化裝飾區域一般是在廳外兩旁、廳室入口、樓梯進出口、廳內的邊角或隔斷處、話筒前、花架上、舞台邊沿等，宴會餐台上有時也布置鮮花。

2.盆栽品種

盆栽品種可供選用的有盆花、盆果、盆草、盆樹、盆景等幾種。一般來說，喜慶宴會可選用盆花，以季節的代表品種為主，形成百花爭豔的意境，以示熱烈歡快的氣氛。如求典雅可多用觀賞植物，如文竹、君子蘭。至於闊葉植物棕櫚、葵樹以及蒼松、翠柏之類，其樹形開闊雄偉，點綴或排列在醒目之處，亦能增加莊重的效果。宴會餐台排列較鬆散時，可用盆栽點綴。選用盆花時還要考慮各國各地習俗對花的忌諱，如日本忌荷花、義大利忌菊花、法國忌黃花等。

（四）確定標誌與牆飾

標誌指宴會廳中使用的橫幅、徽章、標語、旗幟等。這是表現宴會主題的最直接方式，要根據宴會的性質、目的及承辦者的要求來設置。如國宴，就要懸掛主客雙方的國旗，菜單上要印國徽；婚宴可懸掛大紅喜字或龍鳳呈祥圖案；其他可懸掛橫幅。

牆飾指宴會廳內四周的字畫、匾額、壁毯及其他類型的工藝裝飾品，它對整個宴會的環境起著襯托和美化作用。在一般情況下，它是相對固定的，非特殊要求可不做更改。

（五）確定色彩與燈光

宴會廳內各部分的色彩必須依據一定美學原理合理搭配，注意色調的和諧及統一。因此，要注意對地毯、窗簾、桌布、口布、台裙、椅套、服務人員制服等

色彩的選擇。對於一般的宴會廳來說，這方面的選擇餘地不會太大。

中餐宴會的燈光應設計得明亮、輝煌，在講台、主台、舞台所處的區域，其光線應當更強一些，以顯示其重要性。席間演出時，餐台區域的光線要調暗些，可以透過調整燈光的亮度、色彩，增減燈具的數量等方式使燈光適合宴會要求，必要時也可輔以燭光，以增加特殊情調。

（六）畫出餐台排列平面布局圖

1.突出主台

主台應處於宴會場地的正中或最顯眼的位置，要能縱觀全場。

2.整齊劃一

桌椅排列應整齊，形成一定的幾何圖案，不能太零散、太雜亂，至少應保持橫豎成行。

3.出入方便

餐桌之間要留出適當的空間，以最小座空40公分為基準。大規模的宴會要留出主行道，主台四周的空間也應適當地大一些。宴會標準較低且場地面積有限時，可酌情縮小餐桌之間的距離，但要保證客人能夠坐下。

4.標上台號

以主台為1號，副主台為2、3號，然後以主位面朝全場的方向為基準，按右高左低、近高遠低的原則確定後續的台號。

5.合理安排其他餐台

備餐台多靠邊、靠柱而設，且與相應的餐台較近。酒水台的位置視情況而定，一般宜在各區域的靠邊位置。它們均不能影響整體布局。

6.合理安排其他活動區域

簽名台、禮品台區域。簽名台多選用長條形餐桌，一般設在靠近宴會廳大門外的地方。禮品台可與簽名台設在一起，也可單獨設在簽名台旁邊或後面。

講話致辭區域。設在餐台整體布局的正前方，或主台的右上方。配有立式話筒或簡易講台。必要時設台板以便講話人更加醒目，並用鮮花盆栽族圍。盆栽高度一般不要超過1米。

伴宴樂隊區域。有正規舞台的宴會廳，可設於舞台的左側或右側，一般不適於設在舞台正中，除非伴宴後有文藝演出或其他活動。無正規舞台的宴會廳，伴宴樂隊可安排在距賓客座席3～4米處的廳內後側或左右兩側，太近會影響交流，太遠又達不到應有的效果。

席間演出區域。無舞台的宴會廳其席間演出場地可設於餐台布局正前方，或餐台布局的中間，並鋪上地毯，場地四周用花木圍起或點綴。

7.畫出示意圖並以圖示說明

畫出宴會的整個場景示意圖，並寫出圖示說明。

（七）列出宴會場景布置的物品配置清單

較為簡單的物品配置可直接在場景布局示意圖上標出，複雜情況下則須另列清單，以便有關人員逐一落實。

第二節 宴席台面設計

‖ 一、宴席台面的種類

宴席台面的種類很多，通常按餐飲風格劃分為中餐宴席台面、西餐宴席台面和中西混合宴席台面；也可按賓客的人數和就餐的規格劃分為便宴台面和正式宴會台面；按台面的用途又可以劃分為餐台、看台和花台。

（一）按餐飲風格分

1.中餐宴席台面

中餐宴席台面用於中式宴席，一般使用圓桌台面和中式餐具進行擺台設計，如筷子、骨碟、湯碗、湯勺、味碟及各種酒杯等。

2.西餐宴席台面

西餐宴席台面用於西式宴席。常用方形、長形台面，或用長形、半圓形、1/4　圓形等台面搭成橢圓、T形、工形等各式台面。西餐擺台設計時使用西式餐具，如金屬餐刀、餐叉、餐勺、菜盤、麵包盤和各種酒具、銀製燭台等。

3.中西混合宴席台面

由於中西飲食文化的交流，許多中餐菜餚都採用了中菜西吃的用餐形式，既保持了中菜的優點，又吸收了西菜用餐方式的長處，這是一種值得推廣的用餐形式。中西混合宴席台面可使用圓台或西餐各種台面。擺放的餐具主要有：中餐用的筷子、骨碟、湯碗，西餐用的餐刀、餐叉、餐勺及各種酒具等。

（二）按台面用途分

1.餐台

餐台也叫食台、素台，在飲食服務行業中稱為正擺台。這種宴席台面的餐具擺放應按照就餐人數的多少、菜單的編排和宴席標準來配備。餐台上的各種餐具、用具，間隔距離要適當，清潔實用，美觀大方，放在每位賓客的就餐席位前。各種裝飾物品都必須整齊一致地擺放，而且要儘量相對集中。

2.看台

看台是指根據宴席的性質、內容，用各種小件餐具、小件物品和裝飾物品擺設成各種圖案，供賓客在就餐前觀賞。在開宴上菜時，撤掉桌上的各種裝飾物品，再把小件餐具分給各位賓客，讓賓客在進餐時便於使用。這種台面多用於民間宴席和風味宴席。

3.花台

花台，就是用鮮花、絹花、盆景、花籃以及各種工藝美術品和雕刻物品等，點綴構成各種新穎、別緻、得體的台面。這種台面設計要符合宴席的內容，突出宴席主題，圖案造型要結合宴席的特點，要具有一定的代表性或者政治性，色彩要鮮豔醒目，造型要新穎獨特。

▎二、宴席台面設計的基本要求

一個成功的宴席台面設計，既要充分考慮到賓客用餐的需求，又要有大膽的構思、創意，將實用性和觀賞性完美地結合，所以在宴席台面設計時，至少要滿足以下幾個基本要求。

（一）根據賓客的用餐要求進行設計

在進行宴席設計時，每個餐位的大小、餐位之間的距離、餐用具的選擇和擺放的位置，都要首先考慮到賓客用餐的方便和服務員為賓客提供席間服務的方便。

（二）根據宴席的主題和檔次進行設計

宴席台面設計應突出宴席的主題。例如，婚慶宴席就應擺「喜」字席，百鳥朝鳳、蝴蝶戲花等台面；如果是接待外賓就應擺設迎賓席、友誼席、和平席等。

台面設計還應考慮到不同宴席檔次，根據宴席檔次的高低來決定餐位的大小、裝飾物及餐用具的造價、質地和件數等。

（三）根據宴席菜點和酒水特點進行設計

餐用具及裝飾物的選擇與布置，必須由宴席菜點和酒水特點來確定。不同的宴席配備不同類型的餐用具及裝飾物，如中餐宴席應選用傳統的中式餐用具，如筷子、骨碟、湯勺等；西式宴席講究食用什麼菜點配備什麼餐具，如西餐中有頭盤刀、頭盤叉、沙拉刀、沙拉叉、主餐刀、主餐叉、甜品勺、甜品叉、湯勺等餐具，配以不同特色的菜點；飲用不同的酒水也應擺設不同的酒具，如飲料杯、紅葡萄酒杯、白葡萄酒杯、啤酒杯等。

（四）根據美觀性要求進行設計

宴席台面設計在滿足以上要求的基礎上，還應結合文化傳統、美學原則進行創新設計，將各種餐用具加以藝術性陳列和布置，造成烘托宴席氣氛，增強賓客食慾的作用。

（五）根據衛生要求進行設計

安全衛生是飲食行業提供服務的前提和基礎，也是宴席台面設計時應考慮的重要因素之一。要保證擺台所用的餐用具都符合安全衛生的標準，在擺台操作時要注意操作衛生，不能用手抓餐具、杯具的進口或接觸食物的部分。

三、宴席擺台的步驟與方法

中餐宴席擺台主要包括鋪放桌布、安排席位、擺放餐具、美化餐台等操作步驟。其基本技法為：

（一）選餐台

中餐宴席一般選用木製圓台。圓台常用直徑為160公分、180公分、200公分、220公分等規格的圓桌面。宴席組織者可根據用餐人數的多少、場地的大小等，選擇合適的餐台進行擺台。

（二）鋪桌布、下轉盤

在鋪桌布前要對所用的桌布進行檢查，看是否清潔，有無破損。鋪桌布分站位、抖桌布、撒鋪桌布及桌布落台定位四步。待桌布鋪好後，在餐台中間擺上轉盤底座和轉盤，使餐台圓心與轉盤圓心重合。

（三）圍餐椅

從主人位開始圍餐椅。每把餐椅之間間距相等，並正對餐位。餐椅的前端與桌邊平行，注意下垂的桌布不可蓋於椅面上。

（四）擺放餐具

中國南北兩地擺放餐具的方法不盡相同，但都是先擺放骨碟、筷子、筷架、湯勺等小件餐具，再擺放水杯、色酒杯、高粱杯等飲具，最後是餐巾的擺放。

（五）擺放公用餐具

公共餐用具的擺放包括公用筷子、公用湯勺等公用餐具的擺放和牙籤、煙灰缸、菜單、台號等公用用具的擺放。每件物品的擺放都有一定的講究。

（六）美化餐台

全部餐具、用具擺好後，再次整理，檢查台面，調整座椅，最後在餐桌中心擺上裝飾物品，如花瓶、花籃等。

西餐宴席由於用餐方式、使用餐用具等方面與中餐宴席的不同，故在擺台上與中餐宴席有明顯的區別。西餐宴席擺台的基本要領是：展示盤或疊好的餐巾擺放於餐位正中，左叉右刀，刀刃向左。餐具與菜餚相配，根據食用菜餚的先後順序，從裡至外依次碼放。同時，由於用餐方式的不同，西餐宴席餐具的擺放在各國各地都有所不同，擺台時應因人而異。

第三節 宴席台形設計

宴席台形設計是指將宴席所用的餐桌根據主辦人的要求、餐廳的形狀以及就餐的人數等排列而成的各種格局。其總體要求是：突出主台，主台應置於顯著的位置；餐台的排列應整齊有序、間隔適當，形成一定的幾何圖形，既方便來賓就餐，又便於席間服務；留出主行道，便於主要賓客入座。宴席類型不同，台形設計也有一定的區別。

┃ 一、中餐宴席台形設計

（一）小型宴席台形設計（1～10桌）

1.一桌宴席台形設計

餐桌應置於宴會廳的中央位置，宴會廳的屋頂燈對準桌心。

2.二桌宴席台形設計

餐桌應根據廳房的形狀及門的方位而定，分布成橫一字形或豎一字形，第一桌在廳堂的正面上位，如圖6-1所示。

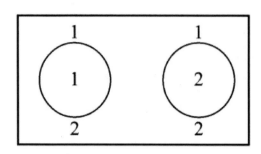

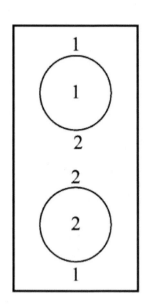

圖6-1 二桌宴席台形設計

3.三桌宴席台形設計

如果廳堂是正方形的，可將餐桌擺放成品字形；如果廳堂是長方形的，可將餐桌安排成一字形，如圖6-2所示。

4.四桌宴席台形設計

如果廳堂是正方形的，可將餐桌擺放成正方形；如果是長方形的，可將餐桌擺放成菱形，如圖6-3所示。

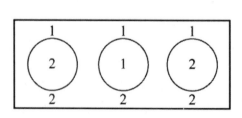

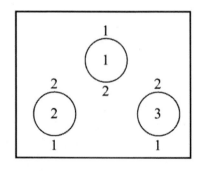

圖6-2 三桌宴席台形設計

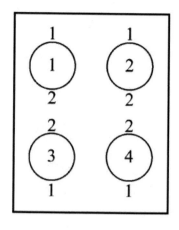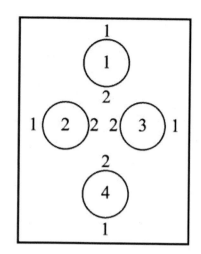

圖6-3 四桌宴席台形設計

5.五桌宴席台形設計

　　如果廳堂是正方形的，可在廳中心擺一桌，四角方向各擺一桌：也可以擺成梅花瓣形。如果廳堂是長方形的，可將第一桌放於廳房的正上方，其餘四桌擺成正方形，如圖6-4所示。

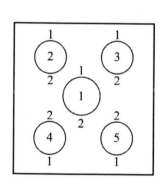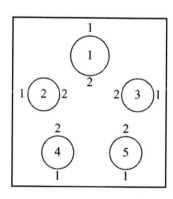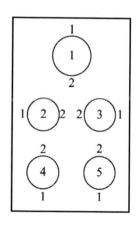

圖6-4 五桌宴席台形設計

6.六桌宴席台形設計

　　正方形廳堂可將餐桌擺放成梅花瓣形，長方形廳堂可將餐桌擺放成菱形、長方形或三角形，如圖6-5所示。

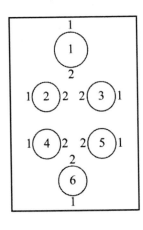 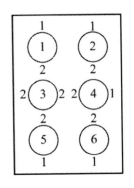 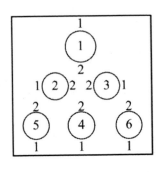

圖6-5 六桌宴席台形設計

7.七桌宴席台形設計

正方形廳堂可將餐桌擺放成六瓣花形，即中心一桌，周圍擺六桌；長方形廳堂可將餐桌擺放成一桌在正上方，六桌在下，呈豎長方形，如圖6-6所示。

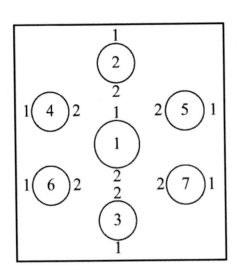 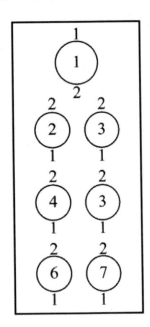

圖6-6 七桌宴席台形設計

8.八桌至十桌宴席台形設計

將主桌擺放在廳堂正面上位或居中擺放，其餘各桌按順序排列，或橫或豎，或雙排或三排，如圖6-7、圖6-8、圖6-9所示。

（二）中型宴席台形設計（11～20桌）

中型宴席台形設計，可參考九桌、十桌宴席的台形設計。如宴會廳夠大，也可將餐桌擺設成別具一格的圖案。中型宴席無論將餐桌擺成哪一種形狀，均應注意突出主桌。主桌由一主兩副組成，即擺三桌，一主賓桌與兩副主賓桌。中型以上宴席均應在主桌的後側設講話台和麥克風。中型宴席台形設計如圖6-10所示。

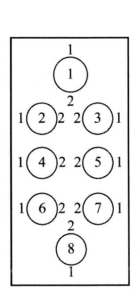
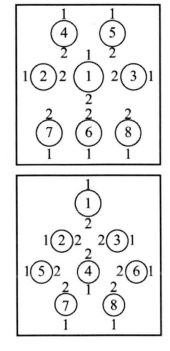
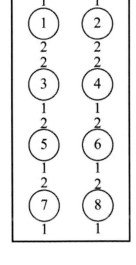

圖6-7 八桌宴席台形設計

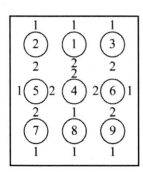 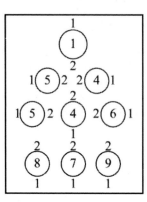 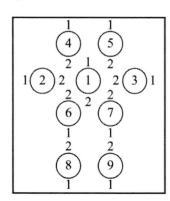

圖6-8 九桌宴席台形設計

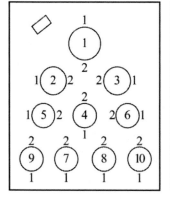 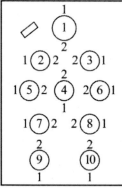 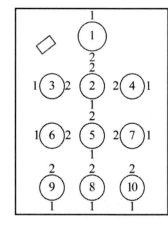

圖6-9 十桌宴席台形設計

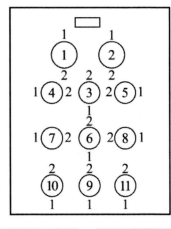
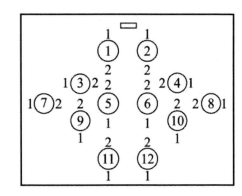
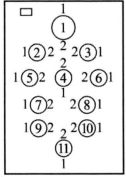
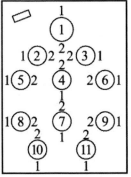
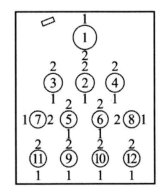

圖6-10 中型宴席台形設計

（三）大型宴席的台形設計（21桌以上）

大型宴席由於人多、桌多，投入的服務力量也大，為指揮方便，行動統一，應視宴席的規模將宴會廳分成主賓席區和來賓席區等若干服務區。

主賓席區，一般設五桌，即一主四副。主賓餐桌位要突出於副主賓餐桌位，同時台面要略大於其他餐桌；來賓席區，視宴席規模的大小可分為來賓一區、來賓二區、來賓三區等。大型宴席的主賓區與來賓區之間應留有一條較寬的通道，其寬度應大於一般來賓席桌間的距離，如條件許可至少不少於2 米，以便賓主出入席間通行方便。

大型宴席要設立與宴席規模相協調的講台。如有樂隊伴奏，可將樂隊安排在主賓席的兩側或主賓席對面的宴席區外圍。大型宴席台形設計如圖6-11所示。

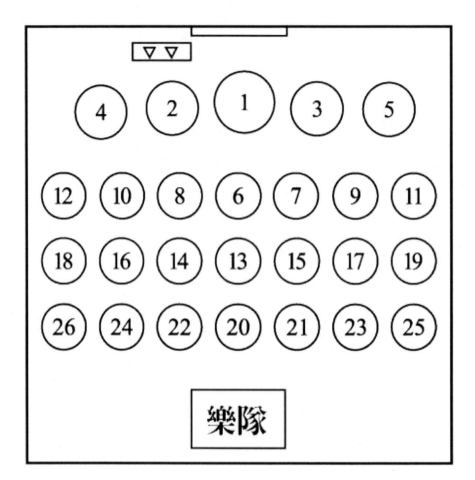

圖6-11 大型宴席台形設計

（四）台形設計的注意事項

中餐宴席大多數用圓台，餐桌的排列特別強調主桌的位置。主桌應放在面向餐廳主門，能夠縱觀全廳的位置。將主賓入席和退席要經過的通道闢為主行道，主行道應比其他行道寬敞突出。其他餐台坐椅的擺法、背向要以主桌為準。

中餐宴席不僅強調突出主桌的位置，還十分注意對主桌進行裝飾，主桌的桌布、餐椅、餐具、花草等應與其他餐桌有所區別。

要有針對性地選擇台面。一般直徑為150公分的圓桌，每桌可坐8人；直徑為180公分的圓桌，每桌可坐10人；直徑為200～220公分的圓桌，可坐12～14

人；如主桌人數較多，可安放特大圓台，每桌坐20人左右。直徑超過180公分的圓台，應安放轉台；不宜放轉台的特大圓台，可在桌中間鋪設鮮花。

擺餐椅時要留出服務員分菜位，其他餐位距離相等。若設服務台分菜，應在第一主賓右邊、第一與第二客人之間留出上菜位。

重要宴席或高級宴席要設分菜服務台。一切分菜服務都在服務台上進行，然後分送給客人。服務台擺設的距離要適當，便於服務員操作，一般放在宴會廳四周。

大型宴席除了主桌外，所有桌子都應編號。客人可從座位圖知道自己桌子的號碼和位置。座位圖應在宴會前畫好，宴席的組織者按照宴會圖來檢查宴會的安排情況和劃分服務員的工作區域。

台形排列根據餐廳的形狀和大小及赴宴人數的多少來安排，桌與桌之間的距離以方便穿行上菜、斟酒、換盤為宜。一般桌與桌之間的距離不小於1.5米，餐桌距牆的距離不小於1.2米。

大型宴席設計時要根據宴會廳的大小及主人的要求進行設計，設計要新穎、美觀、大方，並應強調會場氣氛。

合理使用宴會場地。宴會如安排文藝演出或樂隊演奏，在安排餐桌時應為之留出一定的場地。

┃二、西餐宴席台形設計

西餐宴席一般使用長台。台形一般擺成一字形、馬蹄形、U形、T形、正方形、魚骨形、星形、梳子形等。宴會採用何種台形，要根據參加宴會的人數、餐廳的形狀以及主辦單位的要求來決定。餐台由長台拼合而成，餐椅之間的距離不得少於20公分，餐台兩邊的餐椅應對稱擺放。

（1）一字形台和豪華型台一般設在餐廳的中央位置，與餐廳兩側的距離大致相等，餐台的兩端留有充分餘地，便於服務員工作。

（2）U形台橫向長度應比豎向長度短一些。

（3）E形台的三個翼長度一致，豎向要長於橫向。

（4）正方形台，一般為中空，顯得開闊疏朗。

西餐宴席台形設計如圖6-12所示。

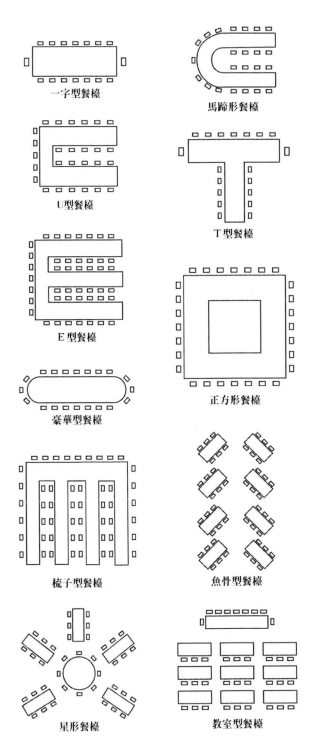

一字型餐檯

馬蹄形餐檯

U型餐檯

T型餐檯

E型餐檯

正方形餐檯

豪華型餐檯

梳子型餐檯

魚骨型餐檯

星形餐檯

教室型餐檯

圖6-12 西餐宴席台形設計

‖ 三、自助餐宴席台形設計

（一）冷餐會台形設計

冷餐會的餐桌應保證足夠的空間以便布置菜餚。按照人們用正常的步幅，每走一步就能夠挑選一種菜餚的情況，應考慮所供應菜餚的種類與規定時間內服務客人人數之間的比例問題，否則進度緩慢會造成客人排隊或坐在自己的位子上等候。

餐桌可以擺成V形、U形、L形、C形、S形、Z形及四分之一圓形、橢圓形。另外，為了避免擁擠，便於供應烤牛肉等主菜，可以擺設獨立的供應攤位。冷餐會的台形設計如圖6-13所示。

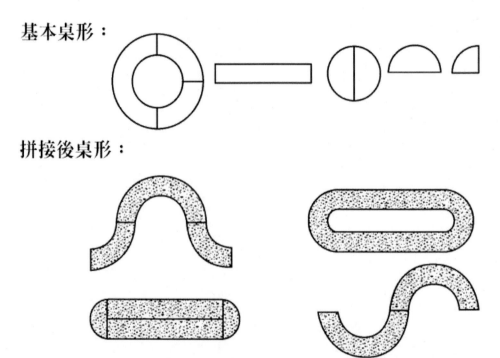

基本桌形：

拼接後桌形：

圖6-13 冷餐會台形設計

（二）雞尾酒會台形設計

雞尾酒會的布局應有較大的空間，以便客人走動、交談。雞尾酒會一般不設座位，只在會場的四周擺放少量的座椅，供需要者使用。酒吧作為重點布局項目，擺設要美觀，酒水要豐盛。其數量、位置要求與來賓的人數、會場的場地相適應，並且要考慮方便來賓點、取雞尾酒以及服務員為客人送飲料。50人以上的酒會一般設立兩個雞尾酒服務台，食品擺放採用自助餐形式。另外，還在會場內設立數量適當的小型餐桌，供參加酒會的來賓站立飲酒、用餐時使用。

思考與練習

1.宴席場景設計有哪些主要步驟？

2.宴席台面按照餐飲風格、台面用途歸類分別有哪些類型？

3.宴席台面設計有哪些基本要求？

4.中式宴席台形設計應注意哪些問題？

5.冷餐會台形設計有何要求？

第 7 章 宴席業務的組織與實施

為了使宴席接待工作井然有序，順利圓滿，宴席負責人必須根據主辦人的要求和宴席的標準，制定出相應的工作方案，包括宴席的預訂、宴席的準備、菜品的製作、接待與服務、經營管理及質量控制等，並組織實施。

第一節 宴席業務部門的機構設置

在餐飲企業裡，人們通常將宴席業務部門稱做「宴會部」或「宴席部」。宴席部隸屬於餐飲部，是餐飲企業裡一個相對獨立的部門。其主要任務是負責宴席、酒會、招待會及茶話會等的銷售和組織實施業務。從事宴席生產與經營工作，必須明確宴席業務部門的機構設置。

一、餐飲部的機構設置

餐飲部是酒店組織機構中重要的組成部分。雖然酒店的規模不同、經營思路各異，各餐飲部的組織機構不盡相同，但就大中型餐飲企業而言，它主要由餐廳、廚房、宴會部、管事部、酒水部等部門構成，其職能主要表現為：

1.餐廳

①按照規定的標準和規格程序，用嫻熟的服務技能、熱情的服務態度，為賓客提供餐飲服務，使賓客飲食需求得到滿足，同時根據客人的個性化需求提供針對性的服務。②擴大宣傳推銷，強化全員促銷觀念，提供建議性銷售服務，保證經濟效益。③加強對餐廳財產和物品的管理，控制費用開支，降低經營成本。

2.廚房

①根據賓客需求，向其提供安全、衛生、精美可口的菜餚。②加強對生產流程的管理，控制原料成本，減少費用開支。③不斷開拓創新，提高菜點質量，擴大產品銷售。

3.宴會部

①宣傳、銷售各種類型的宴會產品，接受宴會等活動的預訂，提高宴會廳的利用率。②負責宴會活動的策劃、組織、協調、實施等，向客人提供盡善盡美的服務。③從各環節著手控製成本與費用，增加效益。

4.管事部

①根據事先確定的庫存量，負責為指定的餐廳、廚房請領、供給、存儲、收集、洗滌和補充各種餐用具。②負責機器設備的正常使用與維護保養。③負責收集和運送垃圾，收集和處理相關物品。

5.酒水部

①保證整個酒店的酒水供應。②負責控制酒水成本，做好酒水的銷售，擴大營業收入。

‖ 二、宴席部的機構設置

宴席部的機構設置應因餐飲企業及酒店餐飲部的經營規模和業務重點而定，宴席業務在餐飲銷售中所占的比重不同，宴席業務部門的組織機構設置也不相同。下面僅介紹大中型餐飲企業裡宴席業務部門組織機構的設置。

在大中型餐飲企業裡，宴席部一般擁有舉辦大型宴席的環境設施和實際能力，它常常獨立於餐飲部成為一個獨立的部門。在中國大部分酒店中，宴會部雖是餐飲部的直屬部門，但它擁有自己相對獨立的組織體系。一些大型宴席部多見於大型酒店或餐飲企業，其經營面積大，台位數多，營業額高，並且由若干中小宴席廳、多功能廳構成。除舉辦宴席外，還承辦慶功會、招待會、研討會、文藝晚會等業務。下面是大中型宴席部的組織機構，可供參考。

（一）中型宴會部

中型宴會部一般下屬1～2個專門的宴會廳（多功能廳），其管理層次和管理人員較小型宴會部多，一般來說，其組織機構設有4個層次，2個部門。（如圖7-1所示）

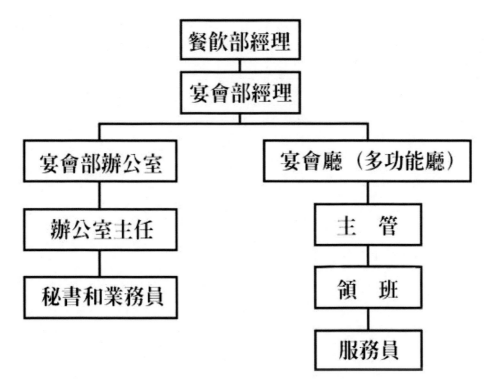

圖7-1 中型宴會部機構設置

（二）大型宴會部

大型宴會部一般擁有舉辦大型宴會的環境設施和實際能力，它常常獨立於餐飲部而成為一個獨立部門，有時也隸屬於餐飲部。但即使隸屬於餐飲部，也擁有自己相對獨立的組織體系，其管理層次至少有4個，常設3大部門、20多個職位。下面介紹兩種大型宴會部的組織機構，可供參考。

1.隸屬於餐飲部的宴席部組織機構（見圖7-2）

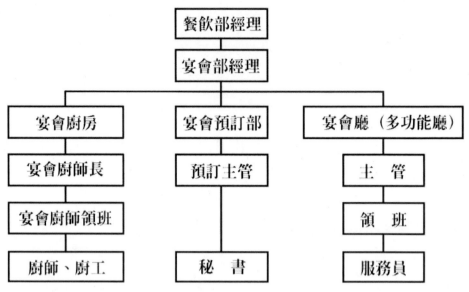

圖7-2 隸屬於餐飲部的宴席部組織機構

2.獨立於餐飲部的宴席部組織機構（見圖7-3）

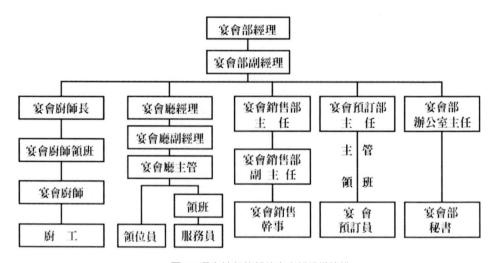

圖7-3 獨立於餐飲部的宴席部組織機構

三、大型宴席部部門負責人的職位職責

（一）宴席部經理的職位職責

對宴席部進行全面行政領導，負責宴席部全員的人力資源管理，負責宴席部所屬廚房、餐廳、辦公室的物質、設施、設備的管理；負責宴席的預訂、銷售和接待服務；制定並落實經營項目，進行成本控制；負責大型宴會及重要活動實施方案的制定；負責宴席菜單、宴會計劃的制定、下達、組織實施與檢查；負責宴席部食品質量及營銷價格的檢查和督促；協調宴席部各部門之間及與酒店內其他部門的工作關係。

（二）宴會預訂部主任的職位職責

代表宴席部與其他部門溝通、協調，並協助上級督導部門的日常經營管理；負責接洽與推廣宴席預訂業務，並透過相關業務活動，蒐集市場訊息，協助制定銷售策略，以完成企業的年度銷售計劃與經營目標。

（三）廚師長（職業主廚）的職位職責

負責主持廚房的日常事務，根據客源、貨源及廚房技術力量和設備條件，準備各式宴席菜單，制定食品原料的購買清單；檢查宴席菜點的生產質量，檢查食品衛生情況及廚房用具的安全狀況；合理安排各組工作人員，檢查各項任務的執行情況；加強對生產流程的管理，控制原料成本，減少費用開支；不斷研發新潮菜品，滿足賓客不同需求。

（四）餐廳經理的職位職責

負責主持餐廳的日常事務，掌控餐飲服務的全部過程和各個環節；指揮、協調餐飲服務人員的日常工作；組織產品宣傳及餐飲推銷，根據客人的個性化需求提供建議性銷售服務；控制費用開支，降低經營成本。與廚房保持密切聯繫，提供產品銷售訊息；協調酒店員工與顧客的關係，代表整個餐廳處理突發事件。

（五）宴會銷售部主任的職位職責

負責宴席部的銷售工作，制定銷售計劃，承接宴會預訂和接待服務任務；蒐集整理市場訊息，制定切實可行的銷售措施，確保宴席銷售任務的完成。

第二節 宴席的預訂

宴席預訂是宴會經營活動中不可缺少的一個重要環節，是宴席生產、服務及銷售活動的第一步。宴會預訂工作的好壞，直接影響宴席菜單的擬定、宴會場景的布置、宴會台面的設計、宴會廳的人員安排等。它既是客戶對飯店的要求，也是飯店對客戶的承諾，二者透過預訂，達成協議，形成合約，規範彼此行為，指導宴席生產和服務。一個管理得好的飯店或餐飲部，是十分重視宴會預訂工作的，不僅設有專門的宴會預訂機構和職位，還建立和完善了一整套宴會預訂管理制度。

║ 一、宴席預訂的方式

宴會預訂方式是指客戶與宴席預訂有關人員接洽、溝通宴席預訂訊息的過程，主要有如下幾種。

（一）電話預訂

電話預訂是最常見的一種預訂方法，具有方便、經濟的特性。由於不是面對面的服務，對溝通的技能要求較高，尤其是語言表達的技巧。

（二）面洽預訂

面洽是顧客到飯店直接與宴會預訂人員商談宴會預訂的一種方法。預訂員應主動交換名片，陪同他們參觀宴會場所，並對本店宴會特色及有關情況進行詳細的介紹，消除顧客的疑慮。然後，預訂員與顧客當面洽談討論所有的細節安排，解決賓客提出的特殊要求，講明付款方式等。

（三）信函預訂

信函是與客戶聯絡的另一種方式，適合於提前較長時間的預訂。收到賓客的詢問信時，應立即回覆賓客詢問的有關在飯店舉辦宴會、會議、酒會等一切事項，並附上飯店場所、設施介紹和有關的建設性意見。事後還要與客戶保持聯絡，爭取說服客人在本飯店舉辦宴會活動。

與信函預訂相類似的預訂方式還有傳真預訂、電子郵件預訂、商務網站預訂等，這種預訂方式比信函預訂的速度快，但此類方式無法進行面對面的雙向溝

通，因此，預訂跟蹤服務就顯得很重要。如客戶的各項要求都已明確，應立即採取同樣的來函來電方式回覆客戶，予以確認；如客戶對各項宴會要求未作說明，應電請客戶明確具體要求；如客戶再次來函來電確認的，應予以辦理登記；如不再複告的，則不予確認。

（四）登門拜訪兼預訂的方式

這是飯店銷售部採用的重要的推銷手段之一，是指宴會推銷員登門拜訪客戶，同時提供宴會預訂服務。這樣，既宣傳並推銷了飯店產品，達到擴大知名度，促進銷售的目的，又可以為客戶提供方便。

（五）中介人代表客人向宴會部預訂

中介人是指專業中介公司或本單位職工。專業公司可與飯店宴會部簽訂常年合約代為預訂，收取一定傭金。本單位職工代為預訂適用於飯店比較熟悉的老客戶，客戶有時會委託飯店工作人員代為預訂。

（六）指令性預訂

指令性預訂指政府機關或主管部門在政務交往、外事接待或業務往來中安排宴請活動，而專門向直屬賓館、飯店宴席部發出預訂的方式。指令性預訂往往具有一定的強制性，因而，指令性預訂是飯店必須無條件地接受和必須周密計劃的宴會任務。此時飯店應更多地考慮社會效益。

‖ 二、宴席預訂的工作程序與主要內容

宴席預訂的方式多種多樣，預訂的主要內容與程序也各有不同，現就其基本工作流程概要介紹如下。

（一）主要內容與程序

1.接受預訂，問清客人的有關情況與要求

接受客人的電話預訂、面洽預訂時均要做好詳細的筆錄，問清客人的有關情況與要求：

（1）宴席的日期、時間與性質；

（2）宴請的對象與人數；

（3）每席的費用標準、菜式及主打菜餚；

（4）預訂人的姓名、單位、聯繫電話和傳真號碼；

（5）餐廳、舞台裝飾及其他特殊要求。

2.向顧客介紹酒店、餐廳的真實情況及有關優惠政策

（1）宴席廳或多功能廳的名稱、面積、設備配置狀況及接待能力；

（2）可提供的菜式、產品、招牌菜及其價格；

（3）可提供的酒水、點心、娛樂康樂產品及其價格；

（4）視交易情況可提供的彩車、司儀、蜜月套房等；

（5）經辦人的姓名、電話號碼、單位的傳真號碼及接受繳納定金的銀行開戶帳號。

3.雙方協商宴席合約細節，共同敲定

（1）具體的菜單、客人所需要的酒水、點心及其他需另外收費的相關產品與服務；

（2）餐廳、酒店視交易情況可提供的各種優惠措施及無償贈送的產品與服務；

（3）定金、付款方式及下一步的聯絡方式；

（4）其他重要的細節。

4.製作詳細的宴席預訂合約書

宴席預訂合約書是一種特殊的經濟合約文書，其內容應包括客人預訂的具體細節、經雙方共同協商確定的有關條款及違約所應承擔的責任與賠償金額。

5.制定宴席接待計劃

宴席部主管業務員在客戶繳納了定金之後應立即著手制定宴席接待計劃。宴席接待計劃包括如下內容：

（1）項目名稱（宴席主題）；

（2）預訂者的姓名、地址、單位名稱、電話、傳真號碼；

（3）宴席日期、時間、地點；

（4）菜式、席數；

（5）定金數額、付款方式、酒店宴席銷售代表；

（6）費用標準；

（7）宴席餐桌擺設及宴席廳內部裝飾；

（8）中西廚房應準備的菜品；

（9）各個部門所應承擔的任務；

（10）酒店、餐廳擬提供的其他特殊的優惠；

（11）本項目的最終審批人（通常為餐飲部總監）、文件報送的部門及有關負責人的名單；

（12）附件：宴席菜單、宴席廳餐桌的平面擺設布局、贈送房間預訂登記、派車預訂申請、宴席廳或多功能廳預訂申請。

（二）宴席預訂的注意事項

（1）宴席接待計劃在提交餐飲部總監審批之後，應分別將有關文件及其副本分發到各有關部門，提請它們提前做好準備。

（2）提前一週再次向客戶進行預訂確定，提醒他若取消預訂，酒店將不退還其預付的定金。

（3）將顧客預訂確認的有關訊息及時反饋給酒店、餐廳有關部門和領導，以便他們能及時採取一些有關的對策與措施。

第三節 宴席菜品的生產設計

宴席菜品生產活動是執行宴席設計的主要活動。宴席菜單所確定的菜品，只是停留在計劃中的一種安排，它的實現主要依靠生產活動，只有透過生產活動才能把處於計劃中的菜品設計轉化為現實的物質產品——菜品，然後才能提供給顧客。所以，宴席菜品生產活動是保證宴席設計實現的基本活動。

‖ 一、宴席菜品的生產過程

宴席菜品的生產過程是指接受宴席任務後，從制定生產計劃開始，直至把所有宴席菜品生產出來並輸送出去的全部過程。

宴席菜品生產過程的構成，一般是根據各個階段的地位和作用來劃分，可分為制定生產計劃階段、烹飪原料準備階段、輔助加工階段、基本加工階段、烹調與裝盤加工階段和菜品成品輸出階段等。

（一）制定生產計劃階段

這一階段是根據宴席任務的要求，根據已經設計好的宴席菜單，制定如何組織菜品生產的計劃。

（二）烹飪原料準備階段

烹飪原料準備是指菜品在生產加工以前進行的各種烹飪原料的準備過程。準備的內容是根據已制定好的烹飪原料採購單上的內容要求進行的。準備的方式有兩種：一種是超前準備，如乾貨原料、調味原料、可冷凍冷藏的原料等，在生產加工以前的一段時間就可以採購回來並經驗收後入庫保存起來；一種是在規定的時間內即時採購，如新鮮的蔬菜，或活禽、活水產等動物原料等，在進行加工之前的規定時間內採購回來。

（三）輔助加工階段

輔助加工階段是指為基本加工和烹調加工提供淨料的各種預加工或初加工過

程，如各種鮮活原料的初步加工、乾貨原料的漲發等。

（四）基本加工階段

基本加工階段是指將烹飪原料變為半成品的過程。例如，熱菜是指原料的成形加工和配菜加工，並為烹調加工提供半成品；點心是指製餡加工和成形加工；而冷菜則是熟制調味，或對原料的切配調味。

（五）烹調與裝盤加工階段

烹調加工是指將半成品經烹調或熟制加工後，成為可食菜餚或點心的過程。例如，菜餚經配份後，需要加熱烹製和調味，使之成菜；點心經包捏成形後，經過蒸、煮、炸、烤等方法成熟。成熟後的菜餚或點心，再經裝盤工藝，便成為一個完整的菜品成品。冷菜則是在熱菜烹調、點心制熟之前先行完成了裝盤。

（六）成品輸出階段

成品輸出階段是指將生產出來的菜餚、點心及時有序地提供上席，以保證宴會正常運轉的過程。從開宴前第一道冷菜上席，到最後一道水果上席，菜品成品輸出是與宴會運轉過程相始終的。

構成宴席菜品生產過程的六個階段，因為生產加工的重點不同而有區別，甚至是相對獨立的，但是作為整個過程的一個部分，由於前後工序的連接和任務的規定性，它們又是緊密聯繫，協同作用的。

‖ 二、宴席菜品生產設計的要求

（一）目標性要求

目標性是宴席菜品生產設計的首要要求。它是生產過程、生產工藝組成及其運轉所要達到的階段成果和總目標。宴席菜品生產的目標，是由一系列相互聯繫、相互制約的技術經濟指標組成的，如品種指標、產品指標、質量指標、成本指標、利潤指標、技術指標等。宴席菜品生產設計，必須首先明確目標，保證所設計的生產工藝能有效地實現目標要求。

（二）集合性要求

集合性是指為達到宴會生產目標要求，合理組織菜品生產過程。要透過集合性分析，明確宴席生產任務的輕重緩急，確定宴席菜單中菜品的生產工藝的難易繁簡程度和經濟技術指標，根據各生產部門的人員配置、生產能力、運作程序等情況，合理地分解宴席生產任務，組織生產過程，並採用相應的調控手段，保證生產過程的運轉正常。

（三）協調性要求

協調性是指從宴席菜品生產過程總體出發，明確規定各生產部門、各工藝階段之間的聯繫和作用關係。宴席菜品的生產既需要分工明確、責任明確，以保證各自生產任務的完成，同時，也需要各生產部門相互間的合作與協調，各工藝階段、各工序之間的銜接和連續，以保證整個生產過程中生產對象始終處於運動狀態，避免不必要的停頓和等待現象發生。

（四）平行性要求

平行性是指宴席菜品生產過程的各階段、各工序可以平行作業。這種平行性的具體表現是，在一定時間段內，不同品種的菜餚與點心可以在不同生產部門平行生產，各工藝階段可以平行作業；一種菜餚或點心的各組成部分可以單獨地進行加工，可以在不同工序上同時加工。平行性的實現可以使生產部門和生產人員無忙閒不均的現象，縮短宴席菜品生產時間，提高生產效率。

（五）標準性要求

標準性是指宴席菜品必須按統一的標準進行生產，以保證菜點質量的穩定。標準性是宴席菜品生產的生命線。有了標準，就能高效率地組織生產，生產工藝過程就能進行控制，成本就能控制在規定的範圍內，菜品質量就能保持一貫性。

（六）節奏性要求

生產過程的節奏性是指在一定的時間限度內，有序地、有間隔地輸出宴席菜品。宴席活動時間的長短、顧客用餐速度的快慢，規定和制約著生產的節奏性、菜品輸出的節奏性。設計中要規定菜品輸出的間隔時間，同時又要根據宴會活動

實際、現場顧客用餐速度，隨時調整生產節奏，保證菜品輸出不掉台或過度集中。

總之，目標性是宴會菜品生產的首要要求，透過目標指引，可以消除生產的盲目性；集合性是分析解決生產過程組織的合理性，保證生產任務的分解與落實；協調性是要求生產部門、各工藝階段、各工序之間的相互聯繫，發揮整體的功能；標準性是宴席菜品生產設計的中心，是目標性要求的具體落實，沒有菜點的製作標準、質量標準，菜品生產與菜品質量就無法控制；平行性和節奏性是對生產過程運行的基本要求，是對集合性和協調性的驗證。

三、宴席菜品生產實施方案的編制

宴席菜品生產實施方案，是在接到宴席任務通知書，確定了宴席菜單之後，為完成宴席菜品生產任務而制定的計劃書。

（一）宴席菜品生產實施方案的編制步驟

宴席菜品生產實施方案是根據宴席任務的目標要求編制的用於指導和規範宴席生產活動的技術性文件，是整個宴席實施方案的組成部分，其編制步驟如下：

（1）充分瞭解宴席任務的性質、目標和要求。

（2）認真研究宴席菜單的結構，確定菜品生產量、生產技術要求，如加工規格、配份規格、盛器規格、裝盤形式等。

（3）制定標準菜譜，開出宴席菜品用料標準單，初步核算成本。

（4）制定宴席生產計劃。

（5）編制宴席菜品生產實施方案。

（二）宴席菜品生產實施方案的內容

1.宴席菜品用料單

宴席菜品用料單是按實際需要量填寫的，即按照設計需要量加上一定的損耗量填寫的。設計的需要量是理想用量，在實際應用中，由於市場供應原料的狀

況、原料加工等多種因素的影響，會產生一定數量的損耗，也就是説實際需要量會大於設計需要量。有了用料單，可以對儲存、發貨、實際用料進行宴席食品成本跟蹤控制。

2.原材料定購計劃單

原材料定購計劃單是在用料單的基礎上填寫的，格式如表7-1所示。

表7-1 原材料定購計劃單

訂購部門＿＿＿＿＿＿＿＿　　訂購日期＿＿＿＿＿＿＿＿　　NO ＿＿＿＿＿＿＿＿

原料名稱	單位	數量	質量要求	供貨時間	費用估算		備註
					單價	總價	

填寫原材料定購計劃單要注意以下幾點：

（1）如果所需原料品種在市場上有符合要求的淨料出售，則寫明是淨料；如果市場上只有毛料而沒有淨料，則需要先進行淨料與毛料的換算後再填寫。

（2）原料數量一般是需要量乘以一定的安全保險係數，然後減去庫存數量後得到的數量。如果有些原料庫存數量較多，能充分滿足生產需要，則應省去不填寫。

（3）對原材料質量要求一定要準確地説明，如有特別要求的原料，則將希望達到的質量要求在備註欄中清楚地寫明。

（4）如果市場上供應的原料名稱與烹飪行業習慣稱呼不一致、或相互間的規格不一致時，可以經雙方協調後確認。

（5）原料的供貨時間要填寫明確，不填或誤填都會影響菜品生產。

3.生產設備與餐具的使用計劃

在宴席菜品生產過程中，需要使用諸如和麵機、軋麵機、絞肉機、食物切割

機、烤箱、切片機、爐灶、炊具和燃料、調料鉢、冰箱、製冰機、保溫櫃、冷藏櫃、蒸汽櫃、微波爐等多種設備以及各種不同規格的餐具等。所以，要根據不同宴席任務的生產特點和菜品特點，制定生產設備與餐具使用計劃，並檢查落實情況、完成情況和使用情況，以保證生產的正常運行。特別是宴席菜品所涉及的一些特殊設備與餐具，更應加以重視。

4.宴席生產分工與完成時間計劃

除了臨時性的緊急任務外，一般情況下，應根據宴席生產任務的需要，尤其在有大型宴席或高規格宴席任務時，要對有關宴會生產任務進行分解與人員配置和人員分工，明確職責，並提出完成任務的時間要求。

擬定這樣的計劃，還要根據菜點在生產工序上移動的特點，並結合宴席生產的實際情況來考慮。例如，從原料準備到初加工，再到冷菜、切配、烹調和點心等幾個生產部門，生產工序有的是一種順序移動的方式，因此，完成原料準備必須先進行初加工，而完成初加工後又必須先進行冷菜、切配、烹調和點心加工。所以，對順序移動的加工工序而言，對前道工序的完成時間應有明確的要求，否則將影響後續工序的順利進行和加工質量。

冷菜、熱菜、點心的基本生產過程，是一種平行移動的方式，但由於成品輸出的先後順序不同，因而在開宴前對它們的完成狀態要求也不同，即冷菜是已經完成裝盤造型的成品，熱菜和點心是待烹調與熟制的半成品，或已經預先烹調熟制但尚需整理、裝盤造型的成品。所以，對平行移動的加工過程而言，必須對產品完成狀態與完成時間提出明確的要求，對成品輸出順序與輸出時間提出明確的要求。

5.影響宴席生產的因素與處理預案

影響宴席生產的因素主要有原料因素、設備條件、生產任務的輕重難易、生產人員的技術構成和水平等；影響宴席生產的主觀因素主要有生產人員的責任意識、工作態度、對生產的重視程度和主觀能動性的發揮水平。為了保證生產計劃的貫徹執行和生產有效運行，應針對可能影響宴席生產的主客觀因素提出相應的處理預案。

另外，在執行過程中，要加強現場生產檢查、督導和指揮，及時進行調節控制，有效地防止和消除生產過程中出現的一些問題。

第四節 宴席服務設計

不同類型的宴席，為突出各自宴請的特點和氛圍，達到宴請的效果，在進行服務設計時，服務的規格、隆重程度、具體要求都應有所不同。這裡，我們主要就中餐宴席的服務程序、商務宴席的服務設計、親情宴席的服務設計進行講述。

┃ 一、中餐宴席服務程序

（一）宴席服務準備工作

宴席服務準備工作包括掌握情況、人員分工、場地布置、熟悉菜單、物品準備、宴席擺台、擺放冷盤、全面檢查等程序。

1.掌握情況

承接宴席時，必須充分瞭解宴席及客人的相關情況。做到「八知」（知出席宴席人數、知桌數、知主辦單位、知客人國籍、知賓主身分、知宴席標準、知開席時間、知菜式品種及出菜順序）、「三瞭解」（瞭解賓客風俗習慣、瞭解客人生活忌諱、瞭解賓客的特殊要求）。

2.明確分工

規模較大的宴席，要確定總指揮人員；迎賓、值台、傳菜、斟酒及衣帽間、貴賓房等職位，都要有明確分工，將責任落實到人。

3.場地布置

布置宴席廳時，要根據宴席的性質、檔次、人數及賓客的要求來調整宴席廳的布局。

4.熟悉菜單

要熟記宴席上菜順序及每道菜的菜名，瞭解每道菜的主料及風味特色，以保證準確無誤地進行上菜服務。

5.物品準備

準備好宴席所需的各類餐具、酒具及用具，備齊菜餚的配料、作料，備好酒品、飲料、茶水；席上菜單每桌一份至兩份放於桌面，重要宴席則人手一份。

6.宴席擺台

宴席擺台應在開席前1小時完成，按要求鋪桌布，下轉盤，擺放餐具、酒具、餐巾花，並擺放台號或按要求擺放席次卡。

7.擺放冷盤

在宴席正式開始前15分鐘左右擺上冷盤。擺放冷盤時，要根據菜點的品種和數量，注意品種色調的分布、葷素的搭配、菜盤間的距離等，使得整個席面整齊美觀，增添宴席氣氛。

8.全面檢查

包括環境衛生、餐廳布局、桌面擺設、餐用具的配備、設備設施的運轉、服務人員的儀容儀表等，都要一一進行仔細檢查，以保證宴席的順利舉行。

（二）宴席間就餐服務

1.熱情迎賓

迎賓員應在賓客到達前迎候在宴席廳門口，賓客到達時，要熱情迎接，微笑問好，大型宴席還應引領賓客入席。

2.賓客入席

值台員在宴席開始前，應站在各自的服務區域內等候賓客入席。當賓客到來，服務員要面帶微笑，歡迎賓客，並主動為賓客拉椅讓座。賓客入席後，幫助賓客鋪餐巾，除筷套，並撤掉台號、席次卡等。

3.斟倒酒水

為賓客斟倒酒水，應先徵求賓客的意見。具體操作時，應從主賓開始，再到主人，然後按順時針方向依次進行，斟酒只宜斟至八分滿即可，當賓客杯中只有1／3酒水時，應及時添加。

4.上菜服務

當冷菜食用掉一半時，應開始上熱菜。大型宴席上菜應以主桌為準，先上主桌，再按桌號依次上菜，絕不可顛倒主次；每上一道新菜，要向賓客介紹菜名、風味特點及食用方法。

上菜時要選擇正確的上菜位，一般選擇在翻譯與陪同位之間進行。如有熱菜使用長盤，盤子應橫向朝主人。整形菜的擺放，應將雞、鴨、魚頭部一律朝右，脯（腹）部朝向主賓。所上菜餚，如有作料的，應先上作料後上菜。

宴席上菜應控制好上菜節奏，要主動地為賓客分湯分菜，上新菜前要先撤走舊菜。如盤中還有分剩的菜，應徵詢賓客是否需要添加，在賓客表示不再需要時方可撤走。

5.席間服務

在整個宴席期間，要勤巡視，勤斟酒，勤換骨碟、煙灰缸，細心觀察賓客的表情及示意動作並主動服務。

（三）宴席收尾工作

1.結帳送客

宴席結束時，服務員要徵求賓客意見，提醒賓客帶好自己的物品。與此同時，要清點好消費酒水總數以及菜單以外的各種消費。付帳時，若是現金可以現收交收款員，若是簽單、簽卡或轉帳結算，應將帳單交賓客或宴席經辦人簽字後送收款處核實，及時送財務部入帳結算。

2.收台檢查

在賓客離席的同時，服務員要檢查台面上是否有未熄滅的煙頭，是否有賓客遺留的物品，賓客全部離開後立即清理台面。清理台面時，按先餐巾、毛巾和金

器、銀器，然後酒水杯、瓷器、刀、叉、筷子的順序分類收拾。凡貴重物品要當場清點。

3.清理現場

所有餐具、用具要回覆原位，擺放整齊，並做好清潔衛生工作，保證下次宴席可順利進行。

中餐宴席服務基本程序如圖7-4所示。

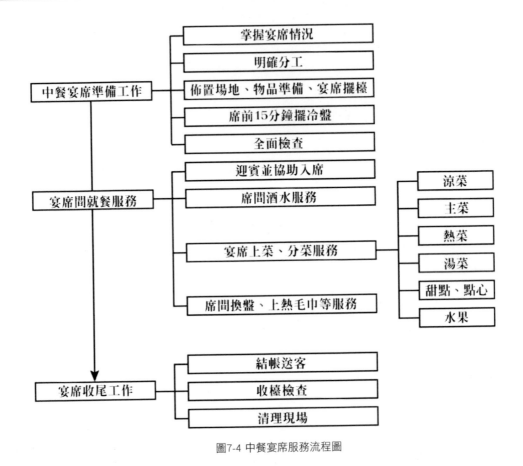

圖7-4 中餐宴席服務流程圖

二、商務宴席的服務設計

商務宴席是宴席銷售的一個重要方面。此類宴席主要是指各類企業和營利性機構或組織為了一定的商務目的而舉行的宴席。此類宴席接待檔次較高，而且對服務質量的要求不同於一般性宴席。在其組織與實施過程中主要注意以下幾方面。

（一）場地布置

1.廳堂裝飾突出宴席主題

廳堂裝飾時要突出商務宴席穩重、熱烈、友好的氣氛，所以，裝飾物的選擇

要突出主辦單位的特點。例如，懸掛紅色橫幅，橫幅要貫穿宴席廳正面牆壁的左右，橫幅上寫明主辦單位名稱及宴席內容。在布置時，宜選用綠色植物、鮮花或主辦單位的產品模型、圖片來裝飾廳堂。

在裝飾物的選擇上，一定要注意宴席賓主雙方的喜好及忌諱，儘量迎合雙方共同的愛好，表現雙方友誼，使宴席在良好的環境中進行。

2.台形設計的要求

商務宴席的台形設計要突出主桌。宴席的主人、主賓身分一般較為尊貴，主桌要擺在宴席廳居中靠主席台的位置，桌面要大於其他來賓席的桌面，在桌面的裝飾及餐、用具的選擇方面，規格檔次都應高於其他來賓席。

根據餐別、用餐人數、宴席主辦單位要求等來進行台形設計，可選用中式的圓桌或西式的一字、L字、回字形等台形。如選用中式圓桌一定要注意餐桌之間的距離，一般不小於2米，西式台形要注意餐位之間的距離。由於商務宴席一般規格檔次較高，所以場地一定要寬敞明亮，並且相對獨立，相鄰餐位間距合適，以方便賓主之間交流及服務員的服務。

3.設備設施的配置

商務宴席一般均設主台，用鮮花及綠色植物裝飾，配備演說台、麥克風或投影儀等商用設備。宴席廳的音響效果要好，在宴席過程中可根據主辦單位的要求播放背景音樂，以烘托宴席氣氛。商務宴席還應在宴席廳入口處設立貴賓簽到台或禮品發放台。

（二）服務特別要求

（1）由於宴席檔次一般較高，所以在人員配備方面一定要充足，尤其是主桌，可配置2～3名服務員，即一名負責看台，一名斟酒，一名傳菜。其他來賓席可配置較少服務員，一桌可設一名專職的看台服務員。

（2）服務員的儀容儀表要端莊齊整，懂禮節講禮貌，尤其是有外國賓客參加宴席時，服務員應進行大方得體的服務，既要體現中國傳統的民族風格，又要熟知客方國家禮儀，尊重他國的習俗。

（3）嚴格按照宴席程序提供服務，掌握好服務節奏。賓主雙方往往邊吃邊交談，服務人員要及時與廚房聯繫，控制好上菜節奏。

（4）服務員要主動細緻，善於察言觀色，提供高質量的宴席服務。由於宴席的要求嚴格，故在選擇服務員時最好選擇熟手或業務素質較高的服務人員，以防在服務中出現失誤。如有失誤發生，宴席組織者一定要加以特別重視，妥善處理，儘量不要影響整個宴席的氣氛。

▌三、親情宴席的服務設計

親情宴席是由個人或私人團體為了增進親情或友情而舉行的家族慶典、朋友聚會的宴席活動。此類宴席與公務宴席、商務宴席不同，舉行宴席完全出於個人需要，宴席費用也由個人承擔。按傳統分類方法，親情宴席主要包括婚慶宴、壽慶宴、生日宴、喪葬宴、迎賓宴、節日宴、酬謝宴、迎送宴等。親情宴席由於是由個人承辦，目的也多為了喜慶、歡聚，所以宴席氣氛較為輕鬆、融洽、熱烈、活躍。在其組織與實施過程中主要注意以下幾方面。

（一）場地布置

由於中國人講究團圓、吉祥，所以在舉辦親情宴席時，多選用中式宴席。在宴席廳的布置方面也應突出中國的傳統特色。如根據中國「紅色」表示吉祥的傳統，在餐廳布置、台面和餐具的選用上，多使用紅色：紅色的地毯、紅色的桌布、紅色的幕布、紅色的燈籠等，烘托出喜慶熱烈的場面。

在台形設計時，要考慮主桌的擺放。根據宴席規模的大小，擺放1～3桌主桌，安排貴賓、主家賓客就座。在安排賓客席次時，必須與客人商定好，儘量將一家人或相互熟悉的賓客安排在同一席或相鄰席。

中國人在喜慶聚會時，往往喜歡離席相互敬酒，在餐桌擺放時，要考慮餐桌之間的距離，留出寬敞的通道，以方便客人在席間行走及服務員提供相應的斟酒服務。

為烘托氣氛，抒發感情，在親情宴席中往往會有賓客祝詞或即席表演節目。

故應在宴席廳布置出主席台或留出活動場地，並提供相應的設備設施，如麥克風、卡拉OK等。

（二）服務特別要求

由於人們生活逐漸富裕，親情宴席逐年增多，親情宴席正成為酒店宴席銷售的一個重要方面。為了促進親情宴席的銷售，酒店往往為賓客提供一些特別優惠，如免費提供請柬、嘉賓提名冊、停車位，自帶酒水免收開瓶費等。服務員在服務過程中，一定要清楚哪些服務項目是免費提供的，哪些項目是客人自費的，以防出現差錯，引起糾紛。

服務員在服務過程中要大方得體，懂禮節講禮貌。特別是在運用服務語言時，一定要注意賓客的喜好和忌諱。中國人在舉辦親情宴席時忌諱不吉利的語言、數字，講究討口彩，服務員要靈活運用服務語言，為賓客提供滿意的服務。

由於宴席氣氛較為熱烈，故在宴席過程中往往會出現一些突發事件，如賓客醉酒，打碎餐具、用具，菜餚、菜湯潑灑等，服務員要沉著冷靜，妥善處理好這些突發事件。如沒有能力處理要立即向上級彙報，請經理直接出面處理，防止擴大事態，影響整個宴席氣氛。

第五節 宴席業務的營銷管理

宴席營銷是指透過一定方式將宴會產品訊息傳遞給顧客，並促成顧客進行宴會消費的活動。宴會營銷分為內部營銷和外部營銷兩種，外部營銷是指透過一定的促銷手段，把顧客吸引到飯店來進行消費；內部營銷是指透過一定的方法使已經在飯店消費過的顧客，成為多消費與多次消費的對象。所以，開展積極有效的宴會營銷活動，能吸引客源，提高設施利用率，提高宴席銷售量，獲取最大的經濟效益和社會效益。

一、宴席營銷的基本形式

宴席營銷形式是指將有關宴會訊息傳遞給消費者的方式和渠道，它可分為兩大類：第一類是人員傳遞訊息的形式，包括派推銷員與消費者面談的勸說形式，透過社會名人和專家影響目標市場的專家推銷形式，透過公眾口頭宣傳而影響其相關的群體的社會影響形式。第二類是非人員營銷形式，包括透過各種大眾傳播媒介的推銷，宴會廳裝潢氣氛設計，獨特而吸引顧客的環境促銷，以及透過特殊事件而進行促銷等。

‖ 二、人員推銷的方法與程序設計

（一）人員推銷的方法

人員推銷是專職推銷人員或宴會部工作人員與顧客或潛在顧客接觸、洽談，或透過向顧客提供滿意的服務，向宴席部的客戶提供訊息，使顧客一次或多次來本店宴席部舉辦宴席的過程。人員推銷相對於非人員推銷，更具有可信性。人員推銷包括推銷員推銷和全員推銷。

推銷員是直接向顧客介紹宴會經營項目和特點，同時徵求顧客消費意見的人員。推銷員的工作，是企業和顧客的橋梁。推銷員不但要盡力為顧客提供各種便利的服務，而且需要注意反饋市場訊息，維護和樹立宴會廳的良好形象，提高宴會廳的競爭能力。

全員推銷是發動宴席部每個成員都投入促銷活動中，這當中除專職推銷員外，還包括宴會廳經理、廚師和服務人員。

廚師的推銷功能主要表現在以下幾個方面：

（1）利用廚師的名氣進行宣傳推銷，可以吸引不少的客人。

（2）可以讓客人點廚師來做菜，甚至可以透過電視媒體顯示出所點廚師製作菜餚的全過程，加強直觀感受，促成消費衝動。

（3）對重要客人，廚師可以親自端送自己的特色菜餚，並對原料及烹製過程做簡短介紹，增加與顧客的親和力。

（二）人員推銷的程序設計

專職推銷人員在進行宴會營銷時，應按照以下基本程序開展工作：

1.收集訊息

透過收集訊息發現潛在的客戶，並進行篩選。宴會推銷員要建立各種資料訊息簿，建立宴會的客史檔案，注意當地市場的各種變化，瞭解本市的活動開展情況，尋找推銷的機會。

2.計劃準備

在上門推銷或與潛在客戶接觸前，推銷員應做好銷售訪問的準備工作，確定本次訪問的對象、要達到的目的，列出訪問大綱，備齊銷售用的各種有關餐飲的資料，如菜單、宣傳小冊子、照片和圖片等，並對飯店近期的預訂情況有所瞭解。

3.著重介紹宴席產品和服務

介紹宴席產品和服務時要著重介紹餐飲產品和服務的特點，針對所掌握的對方需求來介紹，引起顧客的興趣，突出本飯店所能給客人的好處和額外利益，還要設法讓對方多談，從而瞭解顧客的真實要求，反覆說明自己的菜品和服務最能適應顧客的要求。在介紹宴會產品和服務時，還要借助於各種資料、圖片以及餐廳或宴會廳的場地布置圖等。

4.商定預訂和跟蹤銷售

要善於掌握時機，商定交易，簽訂預訂單。一旦簽訂了訂單，還要進一步保持聯繫，採取跟蹤措施，逐步達到確認預訂。即使不能最終成交，也應透過分析原因，總結經驗，保持繼續向對方進行推銷的機會，便於以後的合作。

5.處理異議和投訴

碰到客人提出異議時，餐飲銷售人員要保持自信，設法讓顧客明確說出懷疑的理由，再透過提問的方式，讓他們在回答提問中自己否定這些理由。對客人提出的投訴和不滿，首先應表示歉意，然後要求對方給予改進的機會，千萬不要為

贏得一次爭論的勝利而得罪客人。

‖ 三、廣告推銷的方法與程序設計

（一）廣告推銷的方法

廣告推銷是指利用廣告媒介推銷宴會產品和服務的方法。廣告推銷具有涵蓋面廣、持續時間較長的特點。廣告推銷因媒介眾多，而且每一媒介都有自己的優缺點，因而需要認真選擇，才能使宴會產品和服務的宣傳達到最佳效果。

宴會廣告通常透過下列形式來進行推銷：

1.免費廣告

免費廣告主要是由信用卡公司提供的。當酒店為信用卡公司的客戶，擁有某信用卡公司的信用卡時，應及時與他們取得聯繫，希望他們為其刊登廣告。

2.路旁廣告牌

路旁廣告牌能將廣告的內容傳遞給人們。如果這些廣告牌位於市中心的道路兩側，看到這些廣告牌的除了車主和乘客以外，還有眾多的過往行人。

3.傳媒廣告

傳媒廣告是指利用現代傳媒如電視、報紙、電台等進行宴會推銷的方式。傳媒廣告特別是電視廣告，具有很強的視覺衝擊力，印象深刻，容易激發人們的消費慾望。

4.直郵廣告

直郵廣告就是酒店將宴會產品和服務訊息印製成宣傳品，直接郵寄給顧客和潛在顧客的形式。直郵廣告更具有個性化，提供的訊息容量比較大，閱讀率高於其他廣告，能提供詢問覆函的聯繫通道，有助於提高公眾對飯店及宴會的認知。

5.飯店內部廣告

飯店內部廣告是指飯店利用自己的宣傳媒介和公共活動空間，向在店顧客推

銷宴會產品和服務的形式。飯店內部廣告利用的是飯店自身資源，大都惠而不費又無所不在，繁簡應視情形而定。

（二）廣告推銷的程序設計

利用廣告推銷宴會，應按以下程序進行設計：

1.確定廣告推銷的實際效益

在酒店宴席銷售中，約有75%的生意是顧客自己找上門來的，其他25%是依靠業務人員進行推銷和廣告推銷得到的。雖然不同的酒店比例可能會不同，但是依靠推銷直接獲得的宴會生意，與酒店宴會銷售中所占的比率及其收益應該相匹配。因為廣告推銷宴會的成本不是一筆小數目的開支，特別是傳媒廣告，做一兩次人們沒什麼印象，連續長時間做費用又很高。因此，飯店應根據市場調研，透過對本酒店利用廣告獲得的宴會銷售收益的數據統計和分析，來確定需要或是不需要廣告推銷，需要選擇何種媒介投放多少經費來做廣告推銷。

2.確定宴席廣告推銷的目標

宴席廣告推銷的目標應該與飯店營銷目標及餐飲總目標相一致。廣告目標的不同，廣告的主題及其內容也會有區別。特別要強調的是，廣告的內容要真實，不能有虛假承諾，不能設銷售陷阱讓顧客上當。

3.凸顯酒店的宴會風格和特點

無論何種形式的廣告，都要把酒店要傳達的宴會訊息作為核心內容，並與其宴會風格和特點融為一體，並且據此撰寫廣告提綱、腳本和廣告詞。同時，要凸顯酒店的宴會風格和特點，要站在大眾的立場，從目標顧客的需要出發，使宴會訊息成為他們最想得到的，宴會風格和特點也是他們所企求的，而廣告的藝術形式又正是他們所喜聞樂見的。

4.確定宴席廣告的預算

廣告的預算費用的多少要根據酒店宴會經營的需要及其實際的經濟實力來確定，並不是說花錢越多廣告收益就越好，反之則不好。廣告投入的多少要考慮不

同媒介的廣告其訊息承載量的大小、涵蓋的廣度、訊息傳達的深度和準確度、預期效果。只有選準了，花錢才是值得的。

5.選準承辦廣告製作的公司

當確定了廣告媒介和廣告形式後，要選擇有經濟實力、社會美譽度高的廣告公司來承辦。先由廣告公司根據飯店的目標、意圖來設計樣稿、樣圖和畫面，再由廣告公司作設計陳述，飯店相關領導和人員與相關專家共同會審，透過後，再付諸實施。

6.跟蹤調查廣告推銷的效果

廣告散發出去後，要及時進行效果跟蹤調查，一是要調查廣告的社會影響力，二是要調查並統計廣告影響飯店宴會銷售的直接效果。根據調查結果，對照預期的廣告推銷目標，查找並分析成敗的原因，以便調整和謀劃更好的廣告推銷策略，使其能收到積極的宣傳和推銷的效果。

四、宴會推銷的其他方法

（一）利用特色服務推銷

將推銷寓於提供的特色或額外服務中是常見的宴席推銷方法。

1.知識性服務

在宴會廳裡備有報紙、雜誌、書籍等以便客人閱讀，或者播放相關節目，或者進行有獎知識問答、有獎猜謎活動等。

2.附加服務

派送小禮品。例如，給女士送一支鮮花，或者幸運抽獎，等等。

3.表演服務

用樂隊伴奏、鋼琴演奏、歌手助唱、民俗表演、卡拉OK、時裝表演等形式造成豐富宴會內容的作用。

4.優惠服務

透過提供讓顧客能直接享受的實在的優惠，以達到推銷宴會的目的。如某類標準的宴會達到規定的桌數可以享受多個項目的優惠服務。

（二）利用節日進行推銷

推銷的實質是抓住各種機會甚至創造機會吸引客人，以增加銷量。各種節日是難得的推銷時機，宴會部一般每年都要做推銷計劃，尤其是節日推銷計劃，使節日的推銷活動生動活潑，取得較好的推銷效果。

（三）展示實例

在宴會廳櫥窗裡陳列宴會現場照片或陳列一些鮮活的生猛海鮮、特色原料等，以此來吸引顧客，從而推銷自己的宴席產品。

（四）試吃

有時宴會廳想特別推銷某一種菜餚，可採用讓顧客免費試吃或按折扣消費的方法促銷。大型宴會常採用試吃的方法來吸引客人，將宴會菜單上的菜餚先請主辦人來品嚐一下，取得認可，也使客人放心。提供一桌宴席免費試吃，也屬一種折扣優惠行為。

（五）名人效應

餐飲企業邀請知名人士來宴會廳設宴或赴宴，並充分抓住這一時機，進行宣傳，並給名人們拍照、題字簽名留念，在徵得名人同意後，把這些相片、題字簽名掛在餐廳裡，以增加宴會廳知名度，樹立宴會廳形象，吸引慕名而來的宴席消費者。

思考與練習

1.大中型餐飲企業有哪些主要的職能部門？獨立於餐飲部的宴席部設置了哪些部門？

2.宴席部的主要職能是什麼？廚師長的職位職責有哪些？

3.試簡述宴席的預訂程序和預訂方式。

4.宴席菜品的生產過程由哪些階段構成？

5.宴席菜品的生產設計有哪些要求？

6.中式宴席服務的準備工作包括哪些內容？

7.試述中式宴席的服務程序。

8.試述商務宴席、親情宴席的服務要求。

9.利用廣告推銷宴會，有哪些設計程序？

10.專職推銷人員進行宴席營銷有哪些基本程序？

第8章 宴席成本與質量控制

宴席設計與實施具有一套完善的工作標準，宴席工作人員只有依照標準完成好各個環節的工作任務，才能保證整個宴席工作有條不紊地進行。本章將重點介紹宴席成本控制、宴會菜品生產和服務標準及其質量控制等。

第一節 宴席成本控制

宴席成本控制與質量控制是宴席管理職能的一部分，貫穿於宴席產品生產與銷售的全過程。宴席成本控制的目的並非僅僅記錄成本數額，主要在於提供各項成本的發生情況，分析實際成本與計劃成本之間的差異，為宴會經營者做出正確判斷，及時採取措施進行修正，提供客觀依據，以確保宴席產品的質量。

一、宴席成本控制的方法

所謂成本控制，就是為了將成本的實際發生保持在管理部門預先規定的成本計劃及其允許限度內所採取的評價過程和行動。

宴席成本控制應區別不同控制內容，採用適當的方法。下面介紹幾種常用的成本控制方法：

（一）制度控製法

為了控製成本，防止可能出現的各種問題，宴席經營管理應建立和健全成本控制制度，建立正常的成本管理機制。成本控制制度是宴席成本控制的基礎。如果只有成本計劃，沒有對其執行、控制、監督的制度措施，成本計劃就無法完成，降低成本的計劃就會落空。為了有效地進行成本控制，企業必須首先建立成

本控制的組織制度系統，將成本控制的具體任務、目標、定額以及有關規定落實到各子系統，使成本控製做到組織人員落實、控制指標落實、總體方向明確。在成本計劃的執行過程中，哪些指標出現問題，應及時進行訊息傳遞，宴席部應立即組織有關人員進行研究，使得問題及時得到處理和解決，不可將成本控制流於形式。

（二）成本目標定額控製法

為了有效地控制宴會成本，餐飲企業對宴席經營過程中的各項任務目標進行分解，制定定額，將成本的發生控制在預先規定的成本計劃及其允許的範圍內。

在制定成本目標定額時，應充分考慮到定額應當先進合理，反映平均先進水平，使多數職工經過努力可以達到和超過。定額也應當根據經營條件、經營狀況的變化及時進行修訂。

（三）毛利率控製法

營業收入扣減營業成本的差額即為毛利額，毛利額與營業收入的比率稱為毛利率。營業成本與營業收入的比率稱為收入成本率。毛利率越高，收入成本率就越低；毛利率越低，收入成本率就越高。利用這幾個指標之間的關係，就可以採用毛利率控製法來控製成本支出。

利用毛利率法控製成本，可以隨時根據收入數量控制其成本數量，及時發現問題，及時解決問題。

宴席部既要有年度的營業目標預算、支出預算及營業利潤計劃，更要有逐月、逐日的損益統計表，從損益表中可以清楚地看到營業收入、營業成本、營業費用之間的實際關係，尤其是透過對比分析，找出營業收入、營業成本、營業費用增加或減少的原因。此種方法的特點是簡便、靈活，根據收入數額就可以準確地計算出應該開支的成本數額。

制度控製法、成本目標定額控製法、毛利率控製法這幾種方法可以互相補充，共同使用，它們分別從不同的角度對成本進行控制，可以逐步形成成本控制的方法體系。

‖ 二、宴席成本控制的措施

（一）實施成本控制責任制

為了掌握和控制宴席成本，除了飯店財務部設立成本會計人員專門負責宴席成本外，還應將宴席成本目標分解到各部門，與相關人員的責任及獎罰掛起鉤來，實行成本跟蹤控制，保證成本維持在目標範圍內。

（二）加強宴席菜品成本的控制

加強宴席菜品成本管理，千方百計降低菜品成本，對宴席經營管理具有特別重要的意義。因為菜品成本在宴席成本中占有很高的比率，降低了菜品成本，就是直接增加了宴席利潤，既可以為企業節約資金，又能直接降低宴席價格，增強宴席競爭力。

宴席菜品成本就是宴席菜品直接耗用的原材料成本和燃料成本。它既包含了菜品生產過程的原料的採購、原料初加工、切配、菜品烹調、菜品裝盤各個生產階段及其加工的每一環節，又包括了從原料驗收、保管、發貨、盤存等保管流轉過程的每一個環節，這兩個過程是否健全，漏洞和損耗是否減至最少，與宴席菜品成本有直接的關係。

以宴席菜品生產過程為例，原料採購的目的在於以合理的價格，在適當的時間內保證獲得安全可靠的貨源，按規格標準和預定數量採購宴席所需的各種食品原料，以保證宴席業務活動順利進行。從成本控制的角度分析，採購工作中成本控制應集中在食品原料的質量、數量和價格幾個方面。從原料的初加工到切配、烹調直至裝盤，應該嚴格按照餐飲企業所制定的標準，採用最適合的加工工藝，減少加工過程中人為因素造成的損耗，從而既使菜品成品質量和數量不受影響，同時又達到控制原料數量、加工質量及成本的目的。

以原料驗收保管的流轉過程來看，要建立健全管理制度。原料的驗收，必須按規程嚴格把關，以造成與原料採購相互制約的作用。對購入的原料進行驗收時，不但要檢查數量，而且要核對規格、型號、品牌、質量等與購買申請書所寫的是否相符，並嚴格按照計劃數量逐件過秤、驗收，如有不符，應拒絕收貨。對

不入倉庫的原材料（如鮮活原料），除了由驗收部驗收質量、數量外，還要由生產部門兩次驗收，並在單據上簽字，最後，由驗收部開出收貨記錄，才算完成驗收手續，如果沒有收貨記錄，財務部門不應付款。

在倉庫保管方面，應該根據原材料的不同性質，分別堆放，要注意通風和衛生，並嚴格依照申請程序發貨，排除有單無貨，或有貨無單現象。總之，要堅持做到購貨計劃天天查、採購部門天天買、倉庫領貨天天取、原料使用天天完。倉庫在帳務管理上，要利用電腦打出數量、金額控制的倉庫帳。每日原材料發出後，在分類存放貨架上設卡登記，並經常與帳簿核對，做到帳卡相符。

為了控制宴席菜品成本，還應根據標準菜譜加強對菜品的成本核算，這樣才能計算出菜品的標準成本，然後與實際消耗的成本進行比較，使兩者之間的差額最小，最終實現成本最優化。

（三）努力降低經營費用

宴席成本控制中，不僅要抓好宴席菜品成本控制，而且要抓好人工成本及其他經營費用的控制，只有這兩者都控制在合適的水平上，宴席成本控制才能實現預期的總目標。如果只注意宴席菜品成本控制，而忽視了人工成本和其他經營費用的控制，勢必會導致宴席成本依然居高不下，宴會經營利潤便無從保證，甚至可能產生虧損。

宴席人工成本的控制，屬宴席成本控制的一項重要內容。由於宴席經營具有淡旺季的差異以及生意量不固定的特點，所以必須對正式員工聘用人數進行嚴格控制。宴席員工聘用人數的計算方式為：將月平均營業額除以每人每月的產值，便得出應僱用的正式員工人數。這種計算方法適合於同一地區同類宴席經營的餐飲企業。為適應宴席進行時大量的人力需求，宴會部除正式員工外，還應僱用經過訓練的臨時工、鐘點工，以有效地節省人事費用，將人事成本減到最低。

在經營費用中，除了人工成本可控之外，其他還有不少費用項目屬於可控項目，如水電費、燃料費、損耗費、事務費等。以水電使用為例，大型酒店宴會廳動輒數百上千人用餐，所使用的燈光、空調、冰庫冰箱、抽排風等設施都屬於大耗電量的設備，水的使用量亦是很大，由此必然發生的水電費支出在營業費用中

占有很大的比例，如能從細微處入手，採取切實有效的節水節電的管制措施，將水電費用降到最低，長時間堅持下來，也可大大降低經營費用。其他如燃料費、器皿的損耗費、辦公用品費、長途電話費等事務費用，只要思想重視，管理措施到位，費用水平也會下降。所以，當經營費用水平整體下降時，也是利潤空間達到最大的時候。

（四）建立降低成本的獎勵機制

降低成本的獎勵機制就是對實際成本高於標準成本的現象採取懲罰措施（包括罰款），對實際成本比預期成本低，逐漸接近標準成本的現象給予適當激勵。

完善降低成本的獎勵機制應注意以下幾個問題：

1.降低成本的獎勵機制要注重兌現

降低成本的獎勵機制一旦確定，就不應輕易變動，確定的指標實現後，就必須按制度規定實施獎罰。否則，降低成本的獎勵機制就缺乏可信度和約束力，就發揮不了應有的作用。同時，要保持制度的連續性，以後各年都要繼續按標準執行。當然，隨著條件的變化，標準可以作適當的調整，以充分發揮獎勵機制的應有作用，達到預期的理想效果。

2.掌握好獎勵機制的運行週期

以宴席菜品成本為例，由於菜品價格常常隨市場和季節波動，如果某一時期時令原料價格偏低，則宴席菜品的成本應隨之降低；如果某一時期的原料價格提高，整個宴席菜品的成本就會相應上升。由於菜品價格的波動具有一定規律性和週期性，為便於計算和控制，一般來說，週期定為一年為好。

第二節 宴席產品的質量控制

在進行宴席成本控制的同時，必須注重宴席產品的質量控制。兩者貫串於宴席產品生產與銷售的全過程，不可偏頗。

一、宴席產品的質量標準

宴席產品質量標準主要指宴席菜單設計的質量標準與宴席菜品的質量標準，現簡要介紹如下：

（一）宴席菜單設計的質量標準

宴席菜單設計質量標準包括菜單的種類、菜品組合、外觀設計以及利潤控制等標準。

1.菜單種類

一些大中型餐飲企業，設有種類不同的各式套宴菜單（固定式宴席菜單），就其種類而言，應做到：

（1）不同類型的宴席菜單種類齊全；

（2）不同檔次的宴席菜單齊全；

（3）不同使用時間及不同設計性質特點的宴席菜單齊全。

2.宴會菜品的組合

（1）所列菜名命名規範、分門別類，體現上菜順序。

（2）宴席菜品的總價與宴席的預訂價格基本相吻合。

（3）菜品及其排列方式要能展現宴席的特色風味，整套菜品的風味特色必須鮮明。

（4）真正符合訂席人的合理要求，如實按照協議操作，盡可能做到因人配菜。

（5）宴席中的菜品，特別是核心菜品（如頭菜、座湯、彩碟、首點等），要能突出宴會主題。

（6）菜單所體現的節令性與製作宴席的季節相一致。

（7）真正體現「席貴多變」的設計原則。所用烹飪原料多樣化，烹調方法

多樣化，菜品色澤、外形、口味、質地多樣化。

（8）符合宴席生產的各種客觀性要求，儘量發揮本店廚師及設備設施的專長，盡可能地展示本店的特色風味。

（9）菜品營養搭配符合平衡膳食的要求。

3.外觀設計

（1）外觀精美，圖案鮮明，設計風格與酒店風格相協調，有藝術特色和紀念意義。

（2）封面封底印有酒店名稱、店徽標誌、宴會廳名稱、電話號碼、地址。菜單尺寸大小合適。菜單內外無塗改、汙跡、油跡，清潔衛生。

（3）菜品類別順序編排合理，排列美觀。菜名字體選用合適，大小清晰，易於辨認，符合識讀習慣和美學要求。

（4）設計點菜式宴席菜單，部分酒店為顧客提供宴席點菜菜單。宴會點菜菜單應配有菜品名稱、主要原料、烹製方法和產品特點的簡單中文和外文說明，便於客人選擇。

4.利潤控制

菜單中菜品毛利率的掌握應根據市場供求關係、酒店的等級規模、目標顧客、同類酒店宴席的價格水平等多種因素來綜合確定，其基本規律是：主食產品毛利率較低，冷碟、麵點毛利率較高，熱菜毛利率較高，加工精細、工序複雜、工藝難度較高的菜品毛利率可更高。

（二）宴席菜品的質量標準

1.原料採購

（1）食物原材料符合食品衛生要求。

（2）採購渠道正當，鮮活原料保證新鮮完好。

（3）廚房各種原料色澤、質地、彈性等感官質量指標符合要求，無變質、

過期、腐壞、變味的食品原材料用於製作宴席。

（4）所有原料採購必須做到質量優良、數量適當、價格合理、符合廚房（宴會菜品）生產需要。

2.原料選擇

（1）各類原料的選擇應與產品風味相適應。

（2）主料、配料、調味品原料的選擇根據產品烹製要求確定。

（3）選擇原料的部位準確，用料合理，數量充足。

3.原料加工與配菜

（1）粗加工分檔取料。要做到取料準確、下刀合理、成形完整、清潔衛生、出料率高，並確保營養成分盡可能少受損失。

（2）漲發原料應發足發透、摘洗乾淨，冷凍原料解凍徹底。

（3）原料細加工符合菜品風味要求，密切配合烹製需要。

（4）同種風味、同類產品的原料加工要做到合理下刀，物盡其用，做到整齊、均勻、利落。

（5）原料加工過程中，把好質量關，不符合烹製要求的原料不做配菜使用。

（6）儘量避免因原料加工不合理而影響產品質量的現象發生。

（7）根據菜品風味要求，掌握菜餚定量標準，按主料、配料比例標準配菜。

4.爐灶烹製

（1）各種菜品根據風味要求和烹製程序組織生產。

（2）主料、配料、調料投放順序合理、及時；火候、油溫、成菜、出菜時間掌握準確，保證爐灶產品烹製質量。

（3）裝盤符合規定要求，形式美觀大方，注意裝盤衛生。

5.成品質量

菜品的成品質量與菜單設計所要求的菜品風味及其色、香、味、形、質、器的感觀指標相一致，符合客人的感官要求。關於菜品的成品質量評審標準，本書第2章第二節已作詳細介紹，這裡不再贅述。

▌二、宴席產品的質量控制

宴席產品質量控制的範圍較廣，這裡僅介紹宴席產品的生產效率控制、宴席菜品的質量控制及宴席酒水的質量控制等。

（一）宴席產品生產效率控制

宴席菜品必須嚴格按照宴席的預訂情況、宴席菜單及菜品烹調工藝要求來組織生產。由於許多菜點都是現烹現吃，講究「一熱三鮮」，所以，宴席菜品生產「以求定供」顯得特別重要。

在宴席菜品的生產過程中，應特別注重效率，將工作效率與生產質量連為一體。有些菜點儘管使用現代化的食品加工機械設備來製作，生產速度快、效率高，但其質感與滋味可能就不如使用傳統的手工方法來加工製作得那麼好。例如，魚丸用機械生產就比不上手工製作的口感好。中國菜拼配、加工及烹製的方法比較複雜，菜品的風味較獨特，非一般西方菜品所能比擬，但相對於西式菜餚而言，生產效率較低。解決中餐宴席的生產效率問題，主要的途徑是調整宴席結構，控制菜品數量，並且預先做好準備工作。菜餚配料、半成品、冷盤都可以預製，粗加工、細加工和切配也可以提前準備，這樣就大大縮短了宴席的現場製作時間，相應地提高了工作效率。

（二）宴席菜品質量控制

針對宴席菜品的質量管理，大型餐飲企業採用全面質量管理方法來進行管理。全面質量管理主要有三個特點：一是對宴席菜餚的製作過程進行全方位的質量控制，從原料採購的質量控制開始，到菜餚的運輸、儲存、保鮮、加工、製

作、烹飪、裝盤、上菜、分菜、桌邊服務，實施全過程、一條龍的質量控制與管理。每項作業、每道工序，一直到整個生產流程，都有一個完整的預先控制，包括現場檢測、督導、質量偏差反饋控制等計劃與措施。二是對關鍵環節、薄弱環節預先制定一些有針對性的防範措施，在人力資源、技術、設備等方面對關鍵環節、薄弱環節給予適當加強和照顧。三是餐廳的所有員工全員參與產品質量管理，每個員工在餐廳產品質量管理部門的指導下，積極參與制定各部門、各班組、各職位的職位職責和工作質量標準，並接受上級的質量監督與管理。

至於小酒店、小餐廳，因人手所限，採用的是比較簡單的質量管理方法，如原料驗收入庫時要設崗檢查進貨物料質量，把不合格原料堵在庫房之外；在領料時和使用之前也安排有經驗的員工對原料的質量進行檢驗、鑒別，力爭把不能使用的原料杜絕在烹飪灶台之外，防止不合格的產品上桌。

（三）宴席酒水質量控制

酒水的質量控制主要分為兩個部分：外購酒水的質量控制與自調酒水的質量控制。外購酒水的質量一般來說是由廠家負責，但由於市場上假冒偽劣產品屢禁不絕，而且摻雜使假的技術也越來越高超，因此外購酒水質量控制的主要工作就是在採購酒水時加強對假冒偽劣產品的甄別，並防止其混入；至於自制酒水的質量控制，應確保使用的是優質原料，並抓好自制酒水生產加工的標準化管理和規範化操作。例如，雞尾酒的調製要嚴格按配方、調製方法和調製程序來製作，偷工減料，質量當然就無法保證。泡茶、調製咖啡也很有學問，除了原料本身的品質外，工具、技術、設備與製作方法都會影響到茶或咖啡等飲料的質量，甚至連泡茶或調製咖啡的水溫、調製雞尾酒所用載杯都有一定的要求。沒有達到規定的要求，酒水的質量都會受到不利的影響。

第三節 宴席服務的質量控制

就宴席的運轉過程而言，宴席具有宴席預訂、菜品製作、接待服務及營銷管理這四個前後承接的環節。特別是接待與服務，通常要求預訂準確，準備充分；

廳堂美觀，鋪台規範；服務熱情、主動、細緻、禮貌而又周全。

‖ 一、宴席服務的質量標準

（一）中餐宴席服務的質量標準

中餐宴席服務的質量標準包括：宴席準備、宴會廳布置、宴會鋪台、任務布置、迎接客人以及宴席有關其他服務的標準。

1.宴席準備工作

（1）宴會開始前，宴會廳主管召集服務員講清宴會性質、規格、出席人數、開宴時間及服務要求。

（2）服務員熟悉宴席服務工作內容、服務程序、質量要求。

（3）具體明確人員分工及其任務分配，大型宴會以圖示方式標明人員分工情況。

（4）宴席菜單酒水單內容清楚。

（5）服務員能熟悉菜單，掌握主要菜品的風味特色、主要原料、烹製方法、典故來歷，便於上菜時主動向客人介紹。

2.宴會廳布置

（1）宴席組織者在宴會舉辦當天，提前1～3 小時組織服務人員做好宴會廳的布置工作。

（2）布置方案根據主辦單位要求、宴席性質、規格確定。

（3）宴會廳的布置做到餐桌擺放整齊、橫豎成行、斜對成線。

（4）台形設計根據宴席規模和出席人數確定，做到主桌或主席區位置突出，席間客人進出通道寬敞，有利於客人進餐和服務員上菜。

（5）花草、盆栽和盆景擺放位置得當，整潔美觀。

（6）需要使用簽到台、演說台、麥克風、音響、聚光燈的大型宴席，設備

配置安裝及時，與宴會廳餐桌擺放相適應。

（7）整個宴會廳布置做到環境美觀舒適，設備使用方便，清潔衛生，台形設計與安裝、餐桌擺放整體協調。

（8）衣帽間、休息室整理乾淨，廳內氣氛和諧宜人，能夠形成獨特風格。

（9）整個宴會廳使客人有舒適感、方便感。

3.宴會廳餐台質量標準

（1）正式開餐前整理宴會廳台面、清理宴會廳衛生。

（2）台面餐具、酒具、茶具擺放整齊、規範，造型美觀。菜單、席次牌、調味品擺放位置得當。

（3）主桌或主席區座次安排符合主辦單位的要求。

（4）高檔宴會客人姓名卡片擺放端正。

4.迎接客人

（1）宴會廳迎賓領位員身著旗袍或制服上崗，服裝整潔，儀容儀表端莊。

（2）迎接、問候、引導語言運用準確規範，服務熱情禮貌。

（3）客人來到宴會廳門口，協助主辦單位迎接，安排客人入位。

（4）引導貴賓到休息室，提供茶水、香巾，服務主動熱情。

（5）宴會開始前引導客人入宴會廳，座次安排適當。

5.茶水、香巾服務

（1）客人來到餐桌，服務員拉椅讓座主動及時。

（2）遞送餐巾、除去筷套、送香巾、斟茶服務動作規範，照顧周到。

6.上菜服務

（1）正式開宴前5～10分鐘上涼菜。

（2）菜點擺在轉盤上，葷素搭配、疏密得當、排列整齊。

（3）客人入座後，詢問賓客用何種酒水或飲料，斟酒規範，不溢出。

（4）客人祝酒講話時，服務員停止走動。

（5）上菜品時報菜名，準確介紹菜品風味特色、烹製方法或典故來歷。

（6）掌握上菜順序和節奏，選好位置，無碰撞客人現象。

（7）上需要用手直接取食的菜點時，同時上一次性手套、茶水和洗手盅。

（8）上菜一律使用托盤，動作規範。

7.分菜派菜服務

（1）開宴過程中分菜派菜及時。

（2）每上一道主菜，先將菜點擺在餐桌上，報出菜點名稱，請客人觀看，再移到服務桌上分菜。

（3）分菜派菜準確，遞送菜餚講究禮儀程序。

（4）將派菜後的剩餘菜點整齊擺放在桌面上。

（5）隨時清理台面。

8.用餐巡視服務

（1）用餐服務過程中，加強巡視，照顧好每一個台面。

（2）每上一道新菜，適時撤換骨盤，保持桌面整潔。

（3）適時撤換香巾，續斟酒水飲料。

（4）為客人點煙及時，適時撤換煙缸，煙缸內煙頭不超過2個。

（5）上甜點或水果前，除留下酒水杯外，撤下其餘餐具及洗手盅。

（6）最後遞送香巾，主動及時為客人斟上熱茶。

9.餐後服務

（1）主辦單位宣布宴席結束後，服務員主動徵求客人意見。

（2）客人離開，移椅送客，配合主辦單位告別客人，歡迎再次光臨。

（3）客人離開後，快速清理台面。

10.結帳收款

（1）準備收款設備與用品。收款台位置適當，台面美觀舒適，方便客人結帳；配收款機、信用卡機、程控電話；收款傳票、簿本、報表、書寫工具等辦公用品齊全，取用方便，能夠適應宴會廳收款服務需要。

（2）帳單準備。收到宴席預訂單，按宴會廳或單位編號、台號分類；帳單內容審核清楚、準確；宴會菜點、飲料、其他消費及服務費分項核算準確，輸入電腦，操作規範；客人結帳前，將各宴席帳單準備齊全，等候服務員前來結帳。

（3）收款服務。客人示意結帳，服務員從收款台取得帳單，用帳單夾呈送至客人面前，禮貌地將帳單遞給主客或要求結帳的客人；客人用現金結帳，帳款當面點清，找回零錢交給客人，向客人表示感謝；客人用信用卡結帳，收款員檢查客人信用卡在本宴會廳是否可以接收、截止時期及其真偽，準確無誤後，使用壓卡機壓卡後請客人簽字，並禮貌地交還信用卡，向客人表示感謝。

（4）帳款交接。桌面服務員收款後，帳單、現金交回收款處，雙方當面點清、審核無誤；交接手續完善。

（二）西餐宴席服務的質量標準

西餐宴席服務的質量標準包括：宴席準備工作、宴會廳設計、台形布置、宴會台面與座次安排、接待環境的美化、迎接客人以及西餐宴席有關其他服務的標準。

1.宴席的準備工作

（1）正式開宴前宴會廳主管集合服務人員講清宴會性質、接待規格、出席人數、開宴時間、主辦單位要求、人員分工，任務布置具體明確。

（2）迎賓領位員、桌面服務員熟悉西餐宴會工作內容和服務程序。

（3）服務員能夠背誦宴會菜單，掌握上菜順序。

（4）宴會服務所需的各種餐具、酒具和服務用品準備齊全，擺放整齊。

2.宴會廳設計

（1）廳堂設計與客人所訂西餐宴會類型、等級規格、出席人數、主辦單位對設備與台形要求相適應。

（2）做到環境設計美觀，設備、台面擺放位置適當，整體布局協調。

（3）整個宴會廳用餐環境典雅大方、舒適方便、氣氛宜人，符合主辦單位要求。

3.台形布置

（1）根據客人出席人數和主辦單位要求選擇台形。

（2）任何台形都必須做到美觀、大方、舒適、方便，台面整潔，廳內客人通道寬敞。

（3）大型宴會設主席區，中小型宴會設主台或主桌。

（4）主席區或主台位置突出、布置精心、形象美觀，與整個台形設計相適應，具有美感效果。

4.宴會台面與座次安排

（1）開宴前1～2小時組織服務人員按照西餐宴會標準鋪台。

（2）台襯、桌布鋪設平整、美觀，餐具、茶具、酒具、桌花及煙缸、席次牌等擺放整齊、規範，台面美觀典雅。

（3）座次安排根據主辦單位的要求確定。

（4）國宴或重要宴會，主席區或主台的座次設人名牌，座次安排合理，體現禮儀規格。

5.接待環境的美化

（1）宴會廳門前設存衣處、賓客休息室，門前整潔、美觀、舒適。

（2）宴會廳入門處布置花草、屏風。

（3）廳內根據宴席規格和主辦單位要求設簽到台、演講台、麥克風、音響、射燈等設備，擺放整齊、美觀，與整個廳堂布置協調一致。

（4）整個接待環境具有吸引力，客人有舒適感。

6.迎接客人

（1）迎賓員面帶微笑，協助主辦單位主動、熱情地在門口迎接客人。

（2）客人來到宴會廳，貴賓先引領到貴賓休息室，提供茶水或餐前雞尾酒服務。

（3）快速、準確引導客人入座。

（4）遵守先主賓後隨員、先女賓後男賓的禮儀規範。

7.餐前雞尾酒服務

（1）客人來到餐桌，服務員主動及時移椅讓座。

（2）熱情、快速詢問客人所用酒水飲料或餐前雞尾酒。

（3）規範斟酒，同時遞送香巾。

8.酒水服務

（1）客人祝酒前，服務員為客人斟香檳酒。

（2）斟酒八成滿，不溢出。

（3）客人祝酒講話，服務員停止走動。

（4）酒水員為客人續斟酒水要及時。

（5）開宴過程中，所上菜點與酒水匹配，冷菜上開胃酒，湯菜上雪利酒，海鮮上白葡萄酒，肉類上紅葡萄酒。

（6）酒水選用與主辦單位的要求相適應。

9.上菜服務

（1）上菜遵守操作程序，掌握上菜節奏與時間。

（2）報出菜名，介紹產品風味與特點。

（3）採用分餐服務方式。

（4）每上一道菜，撤去上一道菜的餐具，清理台面，及時擺上與新上菜點相匹配的刀叉、盤碟，服務細緻。

（5）分菜派菜均勻，遞送菜點講究禮儀順序。

（6）操作技術熟練，沒有湯汁灑在桌上或客人衣物上的現象發生；上水果、甜點前，撤去除酒水杯外的餐具，擺上新的餐具。

（7）為客人斟酒或飲料及上水果或甜點及時，擺放整齊。

（8）上菜、派菜服務及最後上香巾、咖啡或紅茶服務均做到準確、熟練、服務規範。

10.桌面巡視服務

（1）開宴過程中，照顧好每一個台面的客人。

（2）撤換清理台面餐具，遞送香巾、撤換煙缸，遞送、撤走洗手盅，添加酒水、飲料等各項服務均做到適時、準確、耐心，操作規範。

（3）各項服務保證讓客人滿意。

11.餐後服務

（1）客人用餐結束，服務員移椅，徵求客人意見，遞送衣物主動、及時。

（2）告別語言運用準確、規範。

（3）客人離開，協助主辦單位歡送客人，歡迎再次光臨。

（4）客人離開後，清理台面，撤出臨時安裝的設備，整理餐具迅速、無聲響。

║ 二、宴席服務的質量控制

宴席服務的質量控制工作主要分為四個階段，即計劃階段、實施階段、檢查階段和處理階段。這四階段的具體操作要求如下。

（一）計劃階段

宴席組織者必須對整個宴席過程的各項要求進行周密策劃。

宴席組織者主持召開工作會議，下達宴席具體任務，並落實到人。

使每位參加宴席活動的工作人員都清楚地瞭解宴席的要求、自己的工作內容、工作程序及標準。

（二）實施階段

宴席服務人員按照計劃要求，布置廳堂，準備餐用具，做好各項宴席準備工作。

在宴席過程中，嚴格按照宴席要求，操作規範，提供周到、熱情的宴席服務。

（三）檢查階段

宴席組織者及各級宴席負責人，在宴席過程中認真檢查服務員的工作情況，檢查是否按照宴席計劃要求，提供了準確的服務。

在督導過程中，如發現服務人員工作疏漏或未嚴格按計劃要求實施，應及時加以糾正，防止影響擴大。

（四）處理階段

總結宴席服務工作。對好的方面加以表揚，對出現的問題加以點評，以防下次再犯。

總的說來，只有嚴格管理，規範行為，將具體工作落到實處，抓好每個環節的質量控制，宴席接待活動才能順利圓滿地完成。

第四節 宴席突發事件與客人投訴處理

在宴席業務的組織與實施過程中，有時會突然發生一些意外事件，特別是當宴席產品的質量出現問題時，宴會工作人員應及時做出積極正確的反應，並進行妥善的處置，以保證宴飲活動的順利進行。

‖ 一、宴席突發事件的處理

（一）客人要求退菜、換菜等情況的處理

在宴席接待與服務過程中，有時會出現顧客要求退菜、換菜或是將原菜品返回廚房重新烹製等現象。產生此類現象，應視具體情況靈活處理。

因宴席中的食物原料腐爛變質或存有異味，因摘洗不盡或其他原因導致菜品中出現毛髮、蟲卵、砂石、柴油等異物時，宴會廳領班或主管、經理應向客人表示歉意，徵得客人同意後，重新更換一份。重新更換或改做的菜品應免收費用，並請客人原諒。

若出現因烹製火候不足或加熱方法不當導致菜品不熟或焦　，因調味不當導致菜品味不足或味太重，因烹飪原料變更或者用料不足等現象，宴會廳領班或主管應即時查明原因，向客人表示歉意，在徵得客人同意後，做出變更處理。

若出現因客人不瞭解菜餚風味特色而誤認為菜餚不熟或調味失當以致難以食用的情況時，服務員應有禮貌地說明菜餚風味特色、烹製方法和食用方法，使客人消除顧慮。

處理以上情況，都要態度和藹真誠，語言流利準確，詞意表達清楚，客人易於理解和接受，避免有使客人感到尷尬的現象發生。

（二）菜餚湯汁灑出後的處理

宴席服務過程中，因某種原因，菜餚湯汁灑在餐桌上，應立即向客人表示歉意，迅速用乾淨餐巾墊上或擦乾淨，以不影響客人進餐。

若操作不小心，使菜餚湯汁灑在客人身上，應立即向客人道歉，態度誠懇。同時，用乾淨毛巾替客人擦拭，並徵求客人意見，必要時為客人提供免費洗滌服

務。

若是由於客人粗心，將湯汁灑在衣物上，服務人員也要迅速上前主動為客人擦拭，並安慰客人。

（三）客人被食物噎住時的處理

因某種原因客人被食物噎住，服務員要留心觀察，一旦發現，迅速送一杯茶水請客人喝下。

若情況較嚴重，客人臉色發青，不能講話，馬上請醫生前來處理。

（四）客人醉酒時的處理

如果個別客人飲酒過量，發生醉酒情況，宴會廳主管應立即到現場，讓客人安靜，攙扶客人離開宴會廳，幫助客人醒酒，以不影響其他客人進餐。

服務過程中，留心觀察客人飲酒動態、表情變化，能夠針對具體情況適當勸阻。

事後不笑話客人，不影響其他客人進餐。

（五）客人反映帳單不符時的處理

服務員應迅速同客人交談，詢問客人疑問，與客人一起核對所上食品、飲料和其他收費標準，並立即同收款員聯繫。

因工作失誤造成差錯，應立即向客人道歉，及時修改帳單。

因客人不熟悉收費標準或算錯帳，應小聲向客人解釋，態度誠懇，語言友善，不使客人難堪。

宴會廳要杜絕因收款服務引起糾紛或客人投訴的現象發生。

（六）客人損壞餐用具後的處理

宴席服務中個別客人或帶小孩的客人打壞餐具、茶具或酒具，服務員應迅速到場，請客人不必驚慌介意。

主動快速擦拭桌面、清理殘缺餐具、換上新的餐具。

服務熱情、耐心，不使客人難堪。

其費用按飯店規定處理，並向客人說明。

二、客人投訴的處理

在宴席過程中，難免會發生一些預料不到的問題，以致遭到客人的投訴，妥善地處理這些突發事件，解決客人的投訴問題，不僅能使宴席活動順利圓滿地完成，還能增進宴會廳與宴席主辦單位的感情，為下次宴席銷售的成功打下良好基礎。處理客人投訴的方法如下：

（一）要虛心聽取客人的意見

為了很好地瞭解客人所提出的問題，宴席組織者必須認真聽取客人的訴說，聽的時候要目視客人，並點頭示意，如有必要還應適當地做一些記錄，以使客人感到他們的意見受到了重視。對於那些火氣很大的客人，要讓他有機會發洩一下不滿，千萬不要與他們爭辯。

（二）表示同情和歉意

首先你要讓客人理解，你是非常關心他所遇到的問題，要不時地向客人表示同情，如「我們非常遺憾」，「非常抱歉地聽到此事」、「我們理解您現在的心情……」、客人到餐廳無非是想透過就餐獲得享受，他們的投訴恰恰反映出在享受中的不滿足，因此道歉是必要的。

（三）滿足客人的要求並採取相關措施

當你能彌補服務上出現的過錯時，你應該明確地告訴客人，你將要採取什麼樣的措施，並且盡可能地讓客人對你的決定表示認同。如「我將按照您的要求做，您看行不行？」這樣你才有可能平息客人的不滿，使之變抱怨為滿意。

（四）要及時感謝客人的批評指教

客人對餐廳的投訴，是客人對酒店接待工作的關心，對宴會廳存在良好願望的一種表示。假如客人遇到不滿的服務或不符合質量要求的菜餚，不向宴會廳投

訴，而是告訴其他客人或朋友，那失去的將不僅是一個客人，而是一群顧客，嚴重的甚至會影響到飯店的宴會聲譽和宴會經營。所以，當客人批評、投訴的時候，不僅要表示真誠的歡迎，而且要感謝客人。

（五）檢查改進措施的落實

首先確保改進措施的落實，讓投訴的客人感到他的投訴造成了明顯的作用。然後再次徵求客人的意見，詢問客人的滿意程度。許多對酒店有好感的客人，是因為提過意見被採納而且是見了成效後，才建立起對酒店的信任感的，因為絕大多數客人是通情達理的，酒店方面的虛心、誠實、勇於改進缺點的精神，是會贏得客人好評的。

思考與練習

1.宴席成本控制有哪些方法與具體措施？

2.宴席菜單設計有哪些質量標準？

3.宴席服務的質量控制分哪幾個階段？有何要求？

4.宴席接待與服務過程中的投訴處理有哪些方法？

5.簡述中式宴席服務的質量標準。

第 9 章 古今特色宴席鑒賞

第一節 中國古典名席鑒賞

中國古典名席係指從虞舜到清末4000多年間的各朝各代具有代表性的著名宴席，本書從宮廷、官府、民間的不同角度遴選出12例，以供參閱。由於歷史久遠，其中有些名席的菜單不詳，有些席單則過於繁雜，為了節省篇幅，這裡主要著眼於對時代背景和宴席特色的介紹，而在其他方面則儘量省略。

之所以介紹這些名席，一是進一步充實中國宴席發展史的內容，二是為中國現代名席作好鋪墊，以便看清其中的繼承、發展關係，從而加深對宴席理論的領悟，並為設計新席打下較為紮實的基礎。

‖ 一、楚國招魂宴

「招魂」是人剛死時，親屬召喚亡靈復歸肉體，企盼起死回生的一種古老儀式。楚懷王被騙到秦國後，久久不歸，愛國詩人屈原思念故主，特寫下《招魂》詩，盼望他能早早回到故國，勵志圖強。這首詩中，借用巫神的口氣，極力描寫上下四方的險惡以及故鄉的宮室、飲膳、音樂之美，召喚懷王歸來。其中的飲膳部分便是一桌精美的楚宮大宴，其菜單是：

主食：大米飯、小米飯、新麥飯、高粱飯。

菜餚：燒甲魚、燉牛筋、烤羊羔、烹天鵝、扒肥雁、滷油雞、燴野鴨、燜大龜。

點心：酥麻花、炸饊子、油煎餅、蜜糖糕。

飲料：冰甜酒、甘蔗汁、酸辣湯。

全席菜式共19種，由主食、菜餚、點心和飲料4大部分構成。所用原料以水鮮和野味為主，技法有燒、烤、煨、滷、炸、煎、烹多種，調味偏重於酸甜，帶有鮮明的江漢平原魚米之鄉氣息。它不僅席面編排規整，注意到谷、果、蔬、畜的養助益充作用，配膳比較合理，而且爛熟的牛蹄筋、鮮香的羊羔肉、油亮的燜大龜、醇美的天鵝脯，都達到了較高的工藝水平。這一菜單反映了楚人的飲食審美風尚，是現代宴席的鼻祖，其基本格式至今仍在南北各地沿用。

‖ 二、鴻門宴

鴻門宴乃秦末名宴，見於《史記・項羽本紀》。它的經過始末是：秦末群雄並起，楚懷王與諸將約定：「先破秦入咸陽者王之。」公元前206年，劉邦率軍10萬進咸陽，秦王子嬰投降。劉邦派兵扼守函谷關，不許其他義軍進入。又傳說，劉邦已將秦宮珍寶據為己有，自立為王。此事激怒了遲到一步的西楚霸王項羽，隨即率軍40萬進駐鴻門（今陝西臨潼），以示威脅。由於兵力對比懸殊，劉邦只好先請項伯（項羽的叔父）調解，說明自己並無野心，隨後清早帶領張良等人前往鴻門謝罪。項羽見其卑躬屈節，弄清封關原委之後消了氣，亦設宴相待。「項王、項伯東向坐，范增南向坐，劉邦北向坐，張良西向待。」宴會上，項羽的謀臣——范增不願放虎歸山，遂命項莊舞劍，伺機刺殺劉邦。為了保護兒女親家，項伯亦拔劍對舞，用身體掩護劉邦。情急之中劉邦的妹夫——猛將樊噲帶劍執盾闖宴，以大嚼生豬肉、大飲烈性酒的氣勢震懾住項營將士。劉邦在張良的謀劃下，以上廁所為由趁機騎著快馬逃脫。此後，「鴻門宴」就被視作殺機四伏的談判宴，變成「宴無好宴，會無好會」的代稱。

司馬遷是從政治鬥爭的角度來描述此宴的，因而對宴會的陳設、肴饌及禮儀幾乎未作什麼介紹，所以鴻門宴的菜單和程序至今仍是一個難解之謎。

‖ 三、燒尾宴

　　燒尾宴，指唐代士子初登金榜或大臣升官為皇帝或朋僚舉辦的宴會，名曰
「燒尾」，主要取魚躍龍門、官運亨通之意。唐朝初期，「獻食」之風甚行，打
了勝仗、封了大官、金榜題名，均有宴請之舉，皇帝也樂於接受臣下的孝敬。唐
中宗時，弄臣韋巨源官拜尚書令左僕射，向皇帝敬獻了一桌極為豐盛的宴席，其
中主要的58道菜點被記載於《燒尾宴食單》中：

　　點心24道：單籠金乳酥（蒸製的含乳酥點）、曼陀樣夾餅（烤製的曼陀羅
果形夾餅）、巨勝奴（蜜製黑芝麻饊子）、婆羅門輕高麵（用印度方法製的蒸
餅）、貴妃紅（紅豔的酥餅）、御黃玉母飯（澆蓋多種肴饌的黃米飯）、七返膏
（七圈花飾的蒸糕）、金鈴炙（金鈴狀的印模烤餅）、生進二十四氣餛飩（24
種花形、餡料各異的餛飩）、生進鴨花湯餅（帶麵碼的鴨花狀麵條）、見風消
（炸製的糍粑片）、唐安餤（四川唐安特製的拼花糕餅）、金銀夾花平截（蟹
肉、蟹黃分層包入蒸製的麵卷）、火焰盞口䭔（上似火焰、下似燈盞的蒸糕）、
水晶龍鳳糕（紅棗點綴的瓊脂糕）、雙拌方破餅（雙色花角餅）、玉露團（雕花
酥點）、漢宮棋（雙錢形印花的棋子麵）、長生粥（藥膳，用進補藥材熬製）、
天花饆饠（配加平菇的抓飯或湯餅）、賜緋含香粽子（蜜汁的紅色香粽）、甜雪
（蜜漿淋烤的甜脆點心）、八方寒食餅（八角形冷麵餅）、素蒸音聲部（麵蒸的
歌人舞女）。

　　菜餚34道：光明蝦炙（火烤活蝦）、通花軟牛腸（帶羊骨髓拌料的牛肉香
腸）、同心生結脯（生肉打著同心結風乾）、白龍䑩（鱖魚片羹）、金栗平䭔
（魚子糕）、鳳凰胎（燒魚白）、羊皮花絲（拌羊肚絲）、逡巡醬（魚羊混合肉
醬）、乳釀魚（奶酪釀製的全魚）、丁子香淋膾（澆淋丁香油和香醋的魚膾）、
蔥醋雞（蔥醋調製的蒸雞）、吳興連帶酢（吳興醃製的原缸魚酢）、西江料（豬
前夾剁蓉蒸製）、紅羊枝杖（烤羊腿）、昇平炙（羊舌鹿舌合烤）、八仙盤（剔
骨鵝造型）、雪嬰兒（青蛙裹粉糊煎製，形似嬰兒）、仙人臠（乳汁燉雞塊）、
小天酥（雞、鹿肉拌米粉油煎）、分裝蒸臘熊（清蒸臘熊肉）、卯羹（兔肉
羹）、清涼䑏碎（果子貍夾脂油製成冷羹）、箸頭春（烤鵪鶉肉丁）、暖寒花釀
驢蒸（爛蒸糟驢肉）、水煉犢炙（烤水牛犢）、五生盤（羊、豬、牛、熊、鹿合
拼的花碟）、格食（羊肉、羊腸分別拌豆粉煎烤）、過門香（各種肉片相配炸

熟）、紅羅飣（網油包裹血塊煎製）、纏花雲夢肉（纏成卷狀的纏蹄，切片涼食）、遍地錦裝鱉（羊油、鴨蛋清、鴨油燉甲魚）、蕃體間縷寶相肝（裝成寶相花形的七層冷肝彩碟）、湯浴繡丸（汆湯圓子）、冷蟾兒羹（蛤蜊羹）。

從所用原料看，飛潛動植，一一入饌，水陸八珍，應有盡有，僅肉禽水鮮便達20餘種。從品種花色看，葷素兼備，鹹甜並陳，菜點配套，冷熱相輔，尤以飯粥麵點和糕團餅酥最具特色。從調製方法看，有乳煮、生烹、活炙、油炸、籠蒸、冷拼種種，而且鏤切雕飾和肴饌造型都頗見新意。從肴饌命名看，文采繽紛，典雅雋永。1300年前能出現如此齊整的宴席，說明盛唐飲饌水平之高超。

▎四、西湖船宴

南宋時期臨安（今杭州）西湖風景區上的遊宴，見《風入松‧題酒肆》、《夢粱錄‧湖船》等詩文。

南宋的西湖周長30餘里，號為絕景。除蘇堤春曉、曲院風荷、平湖秋月、斷橋殘雪、柳浪聞鶯、花港觀魚、雷峰夕照、兩峰插雲、南屏晚鐘、三潭印月等十大勝蹟外，西湖之中，有大小船隻數百舫，有用車輪腳踏飛行的「車船」、用香楠木建造的「御舟」以及號為「烏龍」的湖舫。這些遊船上都配置酒食，可以開出精美的宴席。此外，「湖中南北搬載小船甚夥，如撐船買羹湯、時果；掇酒瓶，如青碧香、思堂春、宣賜、小思、龍遊新煮酒俱有。及供菜蔬、水果、船撲、時花帶朵、糖獅兒、諸色千千，小段兒、糖小兒、家事兒等船。更有賣雞兒、湖畜、海蜇、螺頭，及點茶、供茶果，婆嫂船、點花茶、潑糊盆、撥水棍兒小船，船莊岸小釣魚船。」「又有小腳船，專載賈客妓女、荒鼓板、燒香婆嫂、撲青器、唱耍令纏曲，及打壺打彈百藝等船，多不呼而自來。」「若四時遊玩，大小船隻，雇價無虛日。」

正是由於湖光山色清秀，接待服務周全，所以西湖船宴不僅肴饌濟楚，而且與遊樂密切結合，頗有吸引力。

▎五、宋皇壽筵

　　北宋時期為皇帝壽誕在集英殿內舉辦的盛大慶賀宴席。根據孟元老《東京夢華錄·宰執親王宗室百官入內上壽》的記載，這種大宴的程序如下：

　　十月十二日，宰執、親王、宗室、百官入內上壽。集英殿山樓上教坊司的樂人鳴奏百鳥的和聲，內外肅然。宰執、禁從、親王、宗室和觀察使以上的官員以及大遼、高麗、西夏的使臣在集英殿內入席；其他官員分坐兩廊；軍校以下，排在山樓之後。紅木桌上圍著青色桌幔，配黑漆坐凳。每人面前放置環餅、油餅、棗塔作「看盤」，四周陳放果品。大遼使臣的桌上加豬羊雞鵝兔連骨熟肉為「看盤」，皆用彩繩捆紮，配置蔥韭蒜醋各1碟。三五人共一桶美酒，由身著紫袍金帶的教坊負責把盞。餐具全係漆、瓷製品，皇帝用彎把的玉杯，大臣和使節用金盃，其他人等用銀杯。

　　開宴時鐘鼓齊鳴，高奏雅樂，然後以飲9杯壽酒為序，把菜點羹湯、文藝節目和祝壽禮儀有機穿插起來。

　　第一杯御酒，「唱中腔」，笙管與簫笛伴和，跳「雷中慶」，群舞獻壽。

　　第二杯御酒，儀禮同前，只是節奏稍慢。

　　第三杯御酒，左右軍百戲入場，表演上竿、跳索、倒立、折腰、弄盞注、踢瓶、筋斗、擎戴等雜技，男女藝人皆紅巾彩服，跳躍歡騰。同上下酒肉、鹹豉、爆肉、雙下駝峰角子4道菜，邊看節目邊品嚐。

　　第四杯御酒，表演雜劇和小品，續上炙子骨頭、索粉、白肉胡餅佐飲。

　　第五杯御酒，表演琵琶獨奏，200多小兒跳祝壽舞，扮演雜劇，群舞「應天長」。上菜為群仙炙、天花餅、太平饆饠、乾飯、鏤肉羹和蓮花肉餅。

　　第六杯御酒，表演足球比賽，勝者賜以銀碗錦彩，拜舞謝恩，不勝者球頭（隊長）吃鞭。接著上假黿魚和蜜浮酥捺花。

　　第七杯御酒，奏舒緩悠揚的樂曲，400多女童各著新裝，跳採蓮舞，隨後演雜劇，合唱。上酒菜：排炊羊胡餅、炙金腸。

　　第八杯御酒，「唱踏歌」，群舞；接上假沙魚、獨下饅頭、肚羹。

第九杯御酒，表演摔跤，上水飯、簇飣下飯，奏樂拜舞，叩謝聖恩。

然後，入宴者頭上簪花，喜氣洋洋歸家，並沿路撒銅錢。女童隊出右掖門，少年豪俊爭以寶具供送，飲食酒果迎接，各乘駿騎而歸。她們在御街馳驟，競逞華麗，觀者如堵。

這一盛宴，場面熱鬧，氣氛歡悅，赴宴者數百，演出者上千，廚師、服務人員和警衛過萬，表現出宮廷大宴的紅火與風光。從筵席設計的角度看，它有五點很可取。一是以9杯御賜壽酒為序。「九」在中國文化中既是最高數，又是吉數，九與久、酒諧音，寄託著美好的祝願。後世的「九九長壽席」亦由此脫衍而來。二是慶壽與遊藝相結合。筵宴節奏舒緩，娛樂性強。並且節目內容豐富，能滿足多方面的欣賞趣味，有吸引力。後世的壽筵上多有「唱堂會」之舉，與此不無聯繫。三是上菜程序的編排。2～5道一組，乾濕、冷熱、菜點、甜鹹調配，採用分層推進的形式，分量適中，豐而不繁，簡而不吝，便於細細品嚐。四是安排了較多的「胡食」，既能滿足大遼、西夏等使臣的嗜好，又使筵宴的風味多彩多姿，還暗寓「四海昇平、八方來朝」的吉祥含義，用心良苦。五是寬鬆自如的氣氛，壽筵上雖重禮儀，但不是那樣苛煩，與宴者在行禮之後有較大的自由，不像明清宮廷大宴那般沉悶、死板。

‖ 六、詐馬宴

詐馬宴是元朝皇帝或親王在重大政事活動時舉辦的國宴或專宴。它又名「質孫宴」、「馬奶宴」、「衣宴」，主要因為赴宴的王公大臣和侍宴的衛士樂工都必須穿皇帝賞賜的同一顏色的「質孫服」而得名。其中，「詐馬」是波斯語 jaman——外衣的直譯，「質孫」是蒙古語——jisun顏色的直譯；「馬奶宴」是此宴多以馬奶、烤全羊和「逈北八珍」為主菜的緣故。至於「質孫服」，是用回、維吾爾等族工匠織造的織金錦緞和西域珠寶縫綴而成，其式樣類似今天蒙古族的禮袍。它不在市場上出售，而由皇帝論功賞賜，由於詐馬宴通常是舉行3～7天，質孫服一天一換，獲賞的人便可天天憑服飾赴宴，獲賞少的人難免會因沒有同色的禮服而被拒之門外。因此，被賞賜質孫服和參加詐馬宴，在元代是皇帝

的恩寵與臣僚地位的象徵。

關於詐馬宴的盛況，《詐馬行》詩序中有詳盡介紹：「國家之制，乘輿北幸上京，歲以六月吉日（初三），命宿衛大臣及近侍，服所賜質孫珠翠金寶衣冠腰帶，盛飾名馬，清晨自城外各持綵杖，列隊馳入禁中；於是上（皇帝）盛服御殿臨視，乃大張宴為樂。……質孫，華言（漢語）一色衣也，俗稱為詐馬宴。」

元朝是中國歷史上第一個由北方遊牧民族建立的君臨天下的封建政權。由於蒙、漢、回、女真、契丹等各族的相互影響，南北風俗的彼此滲透，各種宗教的並存，中外科學技術與物質文化的廣泛交流，故而當時的中國社會既延續了農業文明的主流，又呈現出其他影響的多元性。凡此種種，就孕育出奇特而又壯觀的詐馬大宴。

七、鄉試典禮大看席

鄉試是明清時期每3年一次在各省省城舉行的科舉考試，應試者是秀才，考中者稱舉人，不僅具備做官的資格，還可進京參加進士的考試，謀求更大的升遷。正因如此，每次鄉試禮儀都相當隆重，並舉行盛大宴會。像萬曆年間北方的鄉試大典便有上馬宴與下馬宴，各有上、中、下席與加桌，共84桌，耗銀233兩。

在鄉試大典中，接待禮部官員的主考官的首席尤為豐盛，常常配置烘托席面、渲染氣氛的「看席」，如下例：

「餅錠八個；斗糖八個、糖果山五座，糖五老五座、糖饊餅五盤；荔枝一盤、圓眼一盤、膠棗一盤、核桃一盤、栗子一盤；豬肉一肘、羊肉一肘、牛肉一方、湯鵝一只、白鮝二尾、大饅頭四個、活羊一只；高頂花一座、大雙插花二枝、肘件花十枝、果罩花二十枝、定勝插花十枝、絨戴花二枝；豆酒一尊」。

這一席面，主要是供觀賞和顯示筵宴的等級；至於賓客用餐，則另備華筵。「看席」是現今筵席擺台藝術的前導；而先秦酒筵上的飣，漢魏六朝的「畫卵」與「雕卵」，唐宋元時期的「看菜」、「看盤」與台面飾物，又是「看席」的先

聲。到了清代,宮廷除夕大宴的「擺台」,共享飾物、餐具及點心100多種,更是氣派非凡。過去有人講,宴會擺台藝術是從西方傳入的,顯然是種誤解。

‖ 八、千叟宴

千叟宴,亦名千秋宴、敬老宴,係清廷為年老重臣和賢達耆老舉辦的高級禮宴,因與宴者都係年過花甲的男子,每次都超過千人,故名。從康熙到嘉慶的80年間,此宴共舉辦4次,最多時達3056人,頗負盛名。

千叟宴例由禮部主辦,光祿寺供置,精膳司部署,準備工作冗繁。首先要逐級申報赴宴人員,最後由皇帝欽定,行文照會,由地方官派人護送到京,然後接回,前後折騰近一年。其次要籌辦大量的物質,包括炊具、餐具、原料、桌椅、禮品等,耗費大量錢財。再次是進行禮儀訓練和場景布置,以及安排警衛、服務人員,一般每次都要動用萬人。

千叟宴也分等級。一等席面接待王公、一二品大臣、高壽老人和外國使節,設在大殿與兩廊。菜式有銅火鍋、銀火鍋、豬肉片、 羊肉片各一道;鹿尾燒鹿肉、 羊肉烏叉,蒸食壽意、爐食壽意各一盤,葷菜與螺絲盒小菜各2 種,肉絲燙飯一份。二等席面安置三品至九品官員和其他老人,擺在丹墀、甬路和廣場的藍布涼棚中。菜式略低於前。

此宴儀程煩瑣,前前後後多達數十道,需要不停地奏樂、叩拜、感謝皇恩浩蕩。宴畢因人而異,各有賞賜,如恩賚詩刻、如意、壽仗、朝珠、貂皮、文玩、銀牌之類。

千叟宴的有關史料現今完整地藏於故宮博物院,可供查閱。

‖ 九、孔府官宴

孔府官宴乃清代曲阜孔府接待朝廷官員的禮席,有上、中、下三等。上等席接待欽差和一二品大員,排菜62 道;中等席面接待信使和三品至七品官員,排菜50道;下席接待隨員、護衛和八九品屬官,排菜24道,等級森嚴,下面是上

席中的一種菜單：

茶：龍井或碧螺春。

四乾果碟：蘋果、雪梨、蜜橘、西瓜。

十二冷盤：鳳翅、鴨胗、鵝掌、蹄筋、熏魚、香腸、白肚、蜇皮、皮蛋、拌參絲、火腿、醬肉。

十六熱炒：　腰花、爆鴨腰、軟炒雞、炒魚片、鴨舌菜心、　蝦餅、溜肚片、爆雞丁、火腿青菜、芽韭肉絲、香菇肉片、炒羊肝、肉絲蒿菜、肉絲扁豆、雞脯、玉蘭片、海米炒春芽。

四點：焦切、蜜食、小肉包、澄沙棗泥卷。

珍珠魚圓湯隨上。

另沏清茶。（以上為第一輪次）

二海碗：清湯紫菜、清蒸鴨。

四大碗：紅扒魚翅、紅燒魚、紅燒鮑魚、鹿筋海參。

六中碗：扒魚皮、鍋燒蝦、紅燒魚肚、扒裙邊、拔絲金棗、八寶甜飯。

二片盤：掛爐豬、掛爐鴨。

露酒一罈。

主食：饅首、香稻米飯。

海參清湯隨上。

小菜：府制什錦醬菜。（以上為第二輪次）

‖ 十、清代錦州全羊席

全羊席是以羊為主料製成的著名宴席，號稱「屠龍之技」。它有兩種類型：一是將全羊燒烤或煮燜，隨帶味碟或點心整件入席，由客人自由片食；二是用1

～20隻肥羊的各個部位，添加相應的輔料，分別制菜，再仿照滿漢全席編排，其席譜多達百餘種。

晚清錦州的全羊席有菜餚112道、點心16道、果碟12道，共計140品。席譜格局是，先上四乾盤、四鮮果、四蜜餞壓桌；然後將菜餚和點心編成4個層次，依次推進。該席的112道菜餚包括冷盤32道、大件16道、熱菜48道、飯菜16道。

「水晶明肚、七孔玲台、采聞靈芝、鳳眼珍珠、千層梯絲、文臣虎板、烤紅金棗、斬箭花絲、釀麒麟頂、鹿茸鳳穴、金塌翠綠、金蛟猩唇、油爆三樣、扣燜鹿肉、菊花白玉、彩雲子箭、金絲繡球、百子葫蘆、甜蜜蜂窩、寶寺藏金、虎保金丁、天開秦倉、鳳眼玉珠、御展龍肝、丹心寶代、八仙過海、絲落水泉、青雲登山、明開夜合、熗海洋絲、金梁玉柱、吉祥如意、玉絲點紅、蠔油腰子、香麻桃肝、雙皮玉絲、金鼎爐蓋、喇嘛黃肉、百花酥肉、香爛鹿骨、彩雲虎眼、喜望峰坡、玻璃鹿唇、天花巧板、受天百祿、鞭打繡球、銀鑲鹿筋、墨金沙肝、聚堂鹿茸、幼駝峰尖、銀片虎眼、冰雪翡翠、紅金鐵傘、滿堂五福、藍天寶地、雪打銀花、片鹿腱子、麻辣腰花、麻醬雙絲、鹹香檳榔、鹽拌瓜肉、長生不老、怪味口白、馬牙脆肝、雪原爭豔、凌花脆卷、釀玉搬汁、佛獻頂珠、天玉金頂、蔥燒浮竹、脆皮金頂、煎塌三樣、麻桃紫蓋、糟　雙片、京蔥肋扇、紅葉含雲、迎風玉扇、金度水塔、炸金銀條、雪綿糖圓、玉環邊鎖、錦江匯絲、清沌豹胎、紅燜酥方、香滷心絲、白玉血腸、絡網油肝、五香肚絲、麻油蜈蚣、三品環腸、片鳳眼肝、辣滷紅絲、芙蓉鹿鞭、串珠繡球、鳳巢三絲、雙龍寶珠、三脆一品、萬年青翠、飲潤台子、白雲搬汁、香酥羅脊、黃門金柱、鮮醇鹿體、山雞油卷、三白賽雪、富貴金錢、千里追風、金銀三絲、海獻三鮮、黃綠飄葉、清蒸海鮮、紅燜熊掌。」

這份席譜有兩大特色：

其一，採用2日4餐制的排菜格局，即將140道菜品分為5組（果碟1組，菜點4組），第一餐上12道果碟、8道冷菜、16道熱菜、4道飯菜和4道點心，共44道，亮席。以後3餐，各是8道冷菜，16道熱菜，4道飯菜和4道點心，均為32件一組，名為續席。它們合則1大席，分則4小席，既前後銜接，又各自獨立，屬

於「組合式席譜」的格式，靈活而主動。

其二，採用寓意性命名的方法，全部菜品從頭至尾不露一個「羊」字，以增添情趣。這類菜名實際上都有專指，如「明開夜合」是指羊眼，「金鼎爐蓋」是指羊心，至於「長生不老」、「八仙過海」之類，也都是採用借代、比擬等手法，似暗若明，半藏半露，藉以增強魅力。

‖ 十一、揚州滿漢席

滿漢席，又稱「滿漢全席」、「滿漢燕翅燒烤全席」，是清代中葉興起的一種氣勢宏大，禮儀隆重，接待程序繁複，廣集各民族各地區肴饌精華，以滿漢珍味和燕窩、魚翅、燒豬、烤鴨4大名菜為龍頭的特級酒筵。200餘年來，它流行於南北重要都會，各式宴席菜單幾十種，宴席的菜式一般都在100款以上，堪稱中國古典宴席之冠。

清代揚州滿漢席是目前所能見到的年代最早、內容最完整的滿漢全席席譜，記載於李斗的《揚州畫舫錄》中。全文如下：

「上買賣街前後寺觀，皆為大廚房，以備六司百官食次。

第一份：頭號五簋碗十件——燕窩雞絲湯、海參燴豬筋、鮮蟶蘿蔔絲羹、海帶豬肚絲羹、鮑魚燴珍珠菜、淡菜蝦子湯、魚翅螃蟹羹、蘑菇煨雞、轆轤餛、魚肚煨火腿、鯊魚皮雞汁羹、血粉湯。一品級湯飯碗。

第二份：二號五簋碗十件——鯽魚舌燴熊掌、糟猩唇豬腦、假豹胎、蒸駝峰、梨片伴蒸果子貍、蒸鹿尾、野雞片湯、風豬片子、風羊片子、兔脯、奶房簽。一品級湯飯碗。

第三份：細白羹碗十件——豬肚、假江瑤、鴨舌羹、雞筍粥、豬腦羹、芙蓉蛋、鵝掌羹、糟蒸鰣魚、假斑魚肝、西施乳、文思豆腐羹、甲魚肉肉片子湯、繭兒羹。一品級湯飯碗。

第四份：毛血盤二十件——獵炙、哈爾巴、小豬子、油炸豬羊肉（2件）、掛爐走油雞鵝鴨（3件）、鴿臛、豬雜什、羊雜什（2　　件）、燎毛豬羊肉（2

件）、白煮豬羊肉（2件）、白蒸小豬子、小羊子、雞、鴨、鵝（5件）、白麵
餑餑卷子、什錦火燒、梅花包子。

第五份：洋碟二十件、熱吃勸酒二十味、小菜碟二十件、枯果十撤桌、鮮果
十撤桌。

所謂滿漢席也。」

清代揚州滿漢席只是各式滿漢全席的代表之一。處在不同時期、不同地域，
滿漢席的規格、程序和菜品雖有不同，但其主要特色基本一致：

其一，禮儀重，程序繁，強調氣勢和文采。它大多用於「新親上門，上司入
境」，非大慶典不設。開宴時，要大張鼓樂，席中還有詩歌答奉、百戲歌舞、投
壺行令等餘興，文采斐然。正因如此，官紳人家迎待貴客無不傾其所有，以大開
滿漢全席為榮，亮富鬥富，求得尊榮心理的滿足。

其二，規格高，菜式多，宴聚時間相當長。由於滿漢全席實際上是清代檔次
最高的宴席，故而不僅赴宴者身分顯貴，並且廳堂裝飾、器物配備、菜品質量、
服務接待也是第一流的。它的菜式少則70餘道，多則200餘品，通常情況下是取
108這個神祕的吉數；冷葷、熱炒、大菜、羹湯、茶酒、飯點和蜜果多為4件或8
件一組，成龍配套，分層推進，顯得多而不亂，廣而不雜。此外，由於菜式較
多，有的席面須分3餐，有的要持續2天，還有的整整需要3天9餐方能吃完。

其三，原料廣，工藝精，南北名食匯一席。從取料看，從山珍的熊掌、駝
峰、麒面，到海味的燕窩、魚翅、鮑魚、海參，還有各類名蔬佳果、珍谷良豆，
飛潛動植，應有盡有。從工藝看，煎、炒、爆、　、燒、烤、炸、蒸、醃、滷、
醉、熏，百花齊放，無所不陳。從菜式看，漢、滿、蒙、回、藏，東、南、西、
北、中，均有最知名的美味被收入進來。從菜品特色看，菜餚中較為注重北京菜
和江浙菜，點心中較為注重滿族的茶點和宮廷小吃，並且將燒烤菜置於最顯要的
位置上。

其四，席套席，菜帶菜，燕、翅、豬、鴨扛大旗。滿漢全席的菜譜一般都是
按照大席套小席的格局設計的。從整體上看，全席菜式井然有序，從局部看，各

自又可以相對獨立；如果把這些小席一一抽出，則可變成熊掌席、裙邊席、猴頭席等。所謂「菜帶菜」，是指每一小席中常以一道高檔大菜領銜，跟上相應的輔佐菜式，主行賓從，烘雲托月。同時，由於受滿漢權貴的嗜好和當時的飲食審美觀念制約，燕窩、魚翅、乳豬和烤鴨這四道珍饌，通常居於全席的「帥位」，統領著各小席的主菜及全部菜品。

▌十二、晚清改良宴會

晚清改良宴會由無錫留美學生朱胡彬等人所創，見於《清稗類鈔》，其菜單是：

酒：紹興酒（每客一小壺）。

四深碟：芹菜拌豆腐乾絲、牛肉絲炒洋蔥頭絲、白斬雞、火腿。

十大菜：雞片冬筍片蘑菇片炒蛋、冬筍片炒青魚片、海參香菌扁豆尖白燉豬蹄、冬筍片炒菠菜，雞絲火腿絲冬筍絲雞湯火腿湯炒麵，冬筍片燉魚圓、栗子葡萄小炒肉、豆衣包黃雀、青菜、江珧柱炒蛋。

一湯二點：雞湯、湯糰、蓮子羹。

二飯菜：白腐乳、醃菜心。

一果：福橘。

餐桌上覆蓋白布，每客配置1個酒杯、2雙筷子（其中1雙是公筷）、3個食碟、3把湯匙，1塊餐巾。這些器具在進餐中要更換4次，席後才敬煙獻茶。

此席的最大特色是衛生、實用，它「視便餐為豐而較之普通筵會則儉」。現今的宴席格局基本上是以它為基礎演化而成的。

例如，晚清的夏令便席：

一湯：火腿雞絲冬瓜湯。

四菜餚：荷葉包粉蒸雞、清蒸鯽魚、炒豇豆、粉絲豆芽蛋炒豬肉。

一點：黑棗蒸雞蛋糕（或蝦仁麵）。

一果：每人一枚。

（分設公筷公匙與私筷私匙。）

第二節 中國現代名宴鑒賞

中國現代名席係指辛亥革命至今的近100年間中國較有代表性的著名宴席，本節選出12例，以供參閱。這裡的「名」，不僅僅指席面大、傳播廣、技術性強、知名度高的概念，還包含著「山不在高，有仙則名，水不在深，有龍則靈」的寓意。之所以介紹這些宴席，一方面是充實筵宴文化知識，為廚務人員提供較多的飲饌資料，以提高其鑒賞能力；另一方面是給廚務人員提供借鑑，有助於他們廣收博採，創製新席。

‖ 一、全聚德烤鴨席

北京市著名的特色風味宴席，特點有四：（1）以烤鴨為主菜，輔以舌、腦、心、肝、腸、翅、掌、脯等製成的冷熱菜式和點心，「盤盤見鴨，味各不同」。（2）上菜程序多為冷菜—大菜—炒菜—燴菜—素菜—烤鴨—湯菜—甜菜—麵點—軟粥—水果的格式，與眾有別。（3）以北京菜和山東菜為主，兼有宮廷風味和清真風味，還吸收了南方各省的烹調方法，包容廣泛，豐盛大方。（4）常常作為中國宴席的代表，在海內外知名度甚高，有「不吃烤鴨席，白來北京城」之說。

烤鴨席實際上也是烤鴨全席，其規格多種。大型的烤鴨全席（25道菜品）的席譜如下：

冷菜：芥末鴨掌、鹽水鴨肝、醬汁鴨膀、水晶鴨舌、如意鴨卷、五香燻鴨。

大菜：鴨包魚翅、鴨茸鮑盒、珠聯鴨脯、芝麻鴨排。

炒菜：清炒肫肝、糟溜鴨三白、火燎鴨心、芫爆鴨胰。

燴菜：燴鴨舌。

素菜：鴨汁雙菜。

烤鴨：掛爐全鴨（帶薄餅、大蔥、甜麵醬）。

湯菜：鴨骨奶湯。

甜菜：拔絲山藥。

點心：鴨子酥、口蘑鴨丁包、鴨絲春捲、盤絲鴨油餅。

稀飯：小米粥。

水果：「春江水暖鴨先知」詩意圖案切拼。

▌二、洛陽水席

　　洛陽水席乃河南省洛陽市傳統名宴。「水」字的含義有二：一是當地氣候較為乾燥，民間膳食多用湯羹，此席的湯品較多；二是24道肴饌順序推進，連續不斷，如同流水一般。

　　相傳此席始於唐代的洛陽寺院，最早為僧道承應官府的花素大宴，後被官衙引進成為官席，輾轉流傳到民間，逐步形成葷素參半的格局。此席的美稱較多，因其頭菜係用特大蘿蔔仿製的牡丹狀燕窩，風味奇異，曾博得武則天的讚賞，故名「牡丹燕菜席」；還由於當地的真不同飯店，供應此席50餘年，技藝精熟，高出同行一籌，亦稱「真不同水席」；再加上洛陽人逢年過節、婚喪壽慶都習慣用此席款待賓客，它又叫做「豫西喜宴」。

　　洛陽水席格式固定，一般都由八冷盤（4葷4素）、四大件、八中件、四壓桌組成，有冷有熱、有葷有素、有鹹有甜、有酸有辣。其中冷盤又稱酒菜；一大件帶二中件入席，名曰：「帶子上朝」；熱菜基本上都用湯盤或湯碗，汁水較多；最後的一道菜為送客湯，意為菜已上畢。水席的席單可以依據原料、季節和客人口味相應變化，翻出不少花樣。下面是「真不同水席」的一份菜單：

　　四冷葷：杜康醉雞、醬香牛肉、虎皮雞蛋、五香熏蹄。

四冷素：薑香脆蓮、碧綠菠菜、雪藥海蜇、翡翠青豆。

四大件：牡丹燕菜、料子全雞、西辣魚塊、炒八寶飯。

八中件：紅燒兩樣、洛陽肉片、酸辣魷魚、燉鮮大腸、五彩肚絲、生汆丸子、蜜汁紅薯、山楂甜露。

四壓桌：條子扣肉、香菇菜膽、洛陽水丸子、雞蛋鮮湯。

‖ 三、陽谷鄉宴

位於魯西平原的古城陽谷，民風淳樸、鄉宴講究。當地流傳的順口溜「茶食果子先打底，遞酒安席三、二、一，三碗四扣八鈴鐺，琉璃丸子露絕技，文腹武背有講究，雞頭魚尾大吉利」，形象地概括了它的特色。

「茶食果子先打底」說的是到奉茶點。小宴是一杯清茶，兩道進門點；大宴則是擺出四乾碟（西瓜籽、花生仁、南瓜子、葵花籽）、四鮮碟（桃、杏、李、藕之類）、四果碟（4樣花色點心）。至於尋常人家，還可用水餃、麵條代替，為的是壓饑墊肚，防止醉酒。

「遞酒安席三二一」指6杯敬客酒。賓主起立先連乾3杯，這叫「桃園三結義」；然後坐下小敘，略品一點菜餚後又連乾2杯，這叫「好事要成雙」；稍後再乾1杯，這叫「一心要敬你」，6杯落肚，方可狂吃大嚼，開懷暢飲。

「三碗四扣八鈴鐺」指菜式組合，三碗即三大件，多為整魚、整肉、整雞鴨。四扣為四蒸碗，一般是酥雞塊、酥肉塊、酥魚塊、酥丸子，都係扣蒸而成。八鈴鐺指六行件二湯：鄉村多為醋　馬鈴薯絲、燒白菜條、扒羊肉白菜卷、紅燒羊肉條、薑絲肉、炸藕夾、蒜泥豆角等家常菜；城鎮則是雞絲掐菜、燒蒜泥肥腸、扒白菜卷、鑽肉丸子、蒜爆里脊片等功夫菜；湯是鹹（灌湯丸子或糝湯）、甜（蜜汁水果或果羹）各一，鹹湯上在四扣碗後，甜湯上在六行件後。

「琉璃丸子露絕技」指陽谷廚師的絕活。當地有一條不成文法的規定：會做琉璃丸子的人，方可操辦鄉宴，這一道菜如果做砸了，3年之內不得操刀辦席。

「文腹武背有講究」講上菜禮節。上大鯉魚時，文士相聚則魚腹朝向主賓、武士相聚則魚背朝向主賓。據說這是不使文客產生「文人相輕」（相背）的錯覺，也防止客人產生「魚腹藏劍（存有歹意）」的誤會。如若不是這樣，文客會拂袖而走，武客會拔刀相見。

「雞頭魚尾大吉利」指三大件的編排順序，即雞鴨開頭，豬肉居中，鯉魚收尾。雞者，吉也，開席報喜；鯉者，利也，收席見彩，故而祥和開泰，皆大歡喜。

陽谷鄉宴是齊魯風情的飲食文化的生動體現，如同陳年佳釀，甘美醇香。

‖ 四、太原全麵席

太原全麵席乃中國名特宴席之一，由太原市太原麵食店推出，全席菜麵、飲料共計56種，洋洋大觀：

（一）茶食

四果碟、四蜜脯、一香茗。

（二）亮席

第一組，冷食：主盤為十八羅漢香辣涼麵；圍碟為水晶肘子、辣油灌腸、蒜汁肚絲、蓑衣黃瓜、紅油雞片、薑汁蘭豆。

第二組，熱食：花式麵菜（皆為造型菜，以各式麵條托底）；迎賓花籃麵、香酥大蝦麵、錦繡展翅麵、三色草菇麵、霸王鯉魚麵、什錦老麵飯。

中湯：烏蛇汽鍋麵（各吃）。

點心：夾沙一窩酥、脂油蔥花餅。

（三）高潮

風味麵品：精粉削麵、麵栲栳栳、玉手揪片、豆麵剔尖、紅麵擦尖、小貓耳朵。

澆頭：清蒸羊肉、生煎豬肉、番茄雞蛋、五香醋滷、什錦炸醬、乳汁排骨。

十三太保菜碼：各式作料碟13個。

尾湯：一品羊湯麵（各吃）。

果盤：喜慶水果盤（造型）。

（四）酒水

每桌晉汾1瓶、竹葉青1瓶、扎啤10杯、水蜜桃汁10聽。

席間參觀刀削麵、揪片、剔尖表演。

全席展示出「世界麵食在中國，中國麵食在太原」、「味壓九州美食鄉，山珍海味難比鮮」的神韻。

五、西湖十景宴

西湖十景宴乃浙江杭州市創新宴席，由西湖十景冷盤、十大名菜、四大名點、一茶四果組配而成，多用於接待外國遊客。

西湖十景冷盤：蘇堤春曉、平湖秋月、花港觀魚、柳浪聞鶯、雙峰插雲、三潭印月、雷峰夕照、南屏晚鐘、曲院風荷、斷橋殘雪。

十大名菜：西湖醋魚、東坡肉、龍井蝦仁、油燜春筍、叫化童雞、荷葉粉蒸肉、乾炸響鈴、蜜汁火方、鹹件兒、西湖蓴菜湯。

四大名點：幸福雙、馬蹄酥、萬蓮芳千張包子、嘉興五芳齋鮮肉粽子。

一茶四果：虎咆龍井茶、黃岩蜜橘、鎮海金柑、塘棲枇杷、超山梅子。

此宴由樓外樓菜館推出，在海外遊客中評價甚高，稱為「袖珍西湖圖」。

六、釣魚台藥膳宴

1991年，日本首相海部俊樹訪華，依其請求，釣魚台國賓館根據他的體質狀況，專門安排了一桌精緻而名貴的藥膳席，其菜單是：

涼菜：當歸鳳爪、羅布麻芹菜葉、蜜汁人參、明目鮑魚、山楂兔肉。

熱菜：參芪鹿鞭、玄狗（螞蟻）球、炸全蠍、蟲草烏雞、八珍甲魚、愛妃三絲、靈芝蛤士蟆、桃仁鹿排、薑絲猴頭、首烏木耳、烏雞白鳳丸、川貝燕菜湯。

麵點：四喜蒸餃、御用油茶。

此席檔次甚高，可以算是中國藥膳席之極品。

七、嶺南蛇宴

嶺南蛇宴又名龍宴，係以萬蛇、金蛇、灰鼠蛇、三錦索蛇和烏梢蛇等的肉、皮、肝作主料，配加雞鴨魚肉、山珍海味以及蔬果藥材，調製出多種蛇饌，組合成席，在廣東、廣西、海南、香港一帶很受歡迎，廣州與南寧都有不少蛇餐館，秋令經常是賓客盈門。

蛇宴菜單：菊花龍虎會、紅燒南蛇脯、京蔥爆蛇丁、什錦五蛇羹、五彩蛇絲（帶荷葉餅）、鳳肝蛇片、百花蛇脯、釀蛇蛋（帶蛇粒花捲）、酥炸蛇卷、焦溜蛇段、清燉蛇塊、龍鳳呈祥、龍戲球、三蛇球、蛇絲伊鍋麵、紅茶各盞（帶蛇茸酥）（共計19品）。

八、四川田席

四川田席始於清代中葉的四川農村民間喜慶酒席，又名八大碗、九斗碗、三蒸九扣、雜燴席，因其設席地點多在田頭院壩，故名。最初的田席僅用於歡慶秋收，後來擴展到婚嫁、壽慶、迎春、治喪以及農家其他重大活動；民國年間，一些地方又將田席引進到餐館酒樓，使之成為川菜席中的常見款式，對於這些變革，《成都通覽》和《川菜烹飪事典》中都有記錄。

田席的本質特徵是就地取材，不尚新異，肥腴香美，樸實大方，菜式的特色以民間風味為主，突出麻辣香濃。由於四川地大物博，人口眾多，田席在流傳過程中產生過許多變異，各地市的菜單也各見其趣，熊四智先生在《中國烹飪百科全書》中將田席分作川西和川東兩大類型加以評述，侯漢初先生在《川菜筵席大

全》中輯錄了巴蜀各地不同的田席菜單多種，由此可見，田席已構成一個特殊的系列，下面選錄3例有代表性的席單：

例1：廣漢九斗碗（低檔農村田席）

「大雜燴、紅燒肉、薑汁雞、燴明筍、粉蒸肉、鹹燒白、夾沙肉、蒸肘子、蛋花湯」。

（前面八碗都以豬肉為主，走菜時一齊上桌，故又稱「肉八碗」）。

例2：川南三蒸九扣席（中檔農村田席）

起席：花生米。

大菜：清蒸雜燴、紅糟肉、原湯酥肉、扣雞、粉蒸鯽魚、餡子千張、皮蛋蒸肉糕、乾燒全魚、薑汁熱肘、坨子肉、扣肉、骨頭酥、芝麻圓子。

（本席不僅有花生米「起席」，還將大菜增至13道，做工也較細緻，顯然是對「九大碗」的充實，席中的「砣子肉」與涼山彝族的「砣砣肉」可能有親緣關係，故推測其流行於川南一帶。）

例3：重慶大型田席（市場高檔田席）

起席：五香花生米、葵花瓜子。

冷菜：糖醋排骨、五香滷鵝、涼拌雞塊、麻醬川肚、金鉤黃瓜。

熱菜：攢絲雜燴、軟炸肘子（配蔥黃花捲）、三鮮蛋捲、薑汁熱窩雞、鮓辣椒蒸肉、鴛鴦燒白（豬腿肉與鵝脯制）、蜜汁果脯、素燴元菇、蝦羹湯。

飯菜：家居鹹菜兩樣。

此席對肥美油膩的農村田席作了改進，如改鹹燒白為鴛鴦燒白，改紅燒肉為三鮮蛋捲，並且變鹹、甜為主的單一味型為多種味型，既保持了傳統特色，又適應飲食的新潮。

上述3 例可以說明：四川廚師富於開拓精神，能較好地處理繼承與創新的關係，還善於從民間菜式和食單中吸收營養，使農家小宴逐步登上大雅之堂。

九、金陵船宴

江蘇南京市秦淮河上的遊宴。金陵船宴在南北朝時的陳代已見雛形，入唐，杜牧有「煙籠寒水月籠沙，夜泊秦淮近酒家」的名句；及明，「秦淮河燈船之盛，天下所無」，吳敬梓在《儒林外史》中也講：「（秦淮河）水滿的時候，畫船簫鼓，晝夜不絕」。這一盛況一直延續到抗日戰爭前夕，十里秦淮畫舫多達數百，燈火璀璨，與銀河爭輝。

與姑蘇船宴、太湖船宴相比，金陵船宴另是一番氣象。第一，客人上船多在晚飯以後，邊打牌，邊聽歌，邊請酒，邊消暑，正宴多在子時，三更之後方散。第二，時興中式冷餐酒會，一桌8～10道菜預先陳列，客人隨用隨取，可早可晚，沒有時間限制。第三，講究人各一份的分食制，皆用小碟盛放，要求精緻、清秀、素雅、注重造型與命名。第四，遊客們多是輪流做菜，有多少客人上船就包上多少天，每晚的菜式不可重複，技術難度較大。第五，在大型的邊桿船上，常是特邀名店中的名廚輪番主理，同行之間競爭激烈，彼此爭奇鬥豔。下面是1930年代初期金陵船宴上的兩份菜譜：

（一）燕翅雙烤席：

格式：四冷、四熱、八大、八小、二對點，共26道肴饌。

主菜：一品官燕、白汁排翅、烤方、烤鴨卷、筒鰻魚、扒乳鴿、西瓜凍、對鑲鉢子。

（二）翅鴨席：

格式：四冷、四熱、六大、四小、二點，共20道肴饌。

主菜：火雞扒翅、芙蓉竹蓀、烤大肥鴨、椒鹽鰻魚、荔枝凍、干貝滾龍絲瓜。

十、麻城三道麵飯

麻城三道麵飯乃湖北省麻城等地民俗酒宴，因以三道麵飯（燒賣、湯麵餃、

發糕）為綱組合全席菜品，故名。菜單是：

第一道麵飯：燒賣。

四圍盤：糖醋豬肝、糖燴腰花、扒細山藥、冰糖蓮子湯。

三大菜：銀魚小燒（或蛋細洋菜）、鮮魚海參肉糕、魷魚細小炒。

第二道麵飯：湯麵餃。

四圍盤：煨滷豬舌、酸辣順風、香腸花片、蘑菇鮮湯。

三大菜：清蒸蓑衣肉丸、清燉整雞（或清燉蹄膀）、紅燒羊肉（或清蒸粉肉）。

第三道麵飯：發糕。

四圍盤：涼拌細肚、糖醋肥腸、燒烤肉片、雪花銀耳湯。

四大菜：燒全魚、花油卷、大包心魚丸、油炸扣肉。

此席菜品共計25道，格式破除常規，不是按涼菜—熱菜—麵點的通例編排，而是由麵飯帶領圍盤與大菜，分作3組依次推出，而且每吃完一組食品（8～9道菜點）就離席休息片刻，服務人員送上熱毛巾和茶水，三五聚談，然後重新入席，開懷暢飲，如是者三，其中借鑑了滿漢全席的某些儀禮，程序別開生面。

‖ 十一、組庵特席

組庵是晚清進士、湖南督軍、南京國民政府主席、行政院長譚延闓的字，譚先生同時又是一位美食家，特聘湘菜名師曹敬臣主理廚務，在他們多年合作下，研製出享譽江南的組庵特菜和組庵特席，下面便是1920年代譚延闓宴請賓客的乳豬魚翅席單：

四冷碟：雲威火腿、油酥銀杏、軟酥鯽魚、口蘑素絲。

四熱碟：糖心鮑脯、番茄蝦仁、金錢雞餅、雞油冬菇。

八大菜：組庵魚翅、羔湯鹿筋、麻仁鴿蛋、鴨淋粉鬆、清蒸鯽魚、組庵豆腐、冰糖山藥、雞片芥藍湯。

席面菜：叉燒乳豬（隨上雙麻餅、荷葉夾）。

四隨菜：辣椒金鉤肉丁、燒菜心、醋　紅菜薹、蝦仁蒸蛋。

席中上一道點心——鴛鴦酥盒；席尾上水果4　色——安江香柚、黔陽冰糖橙、洞庭枇杷、零陵楊梅。

組庵特席之精美表現在四個方面：一是用料珍貴，多為熊掌、鹿筋、燕窩、魚翅、魚唇、紫鮑、乳豬、鴿蛋、火腿之類；二是講究長時間的　燉，不少菜式常需四五個小時製成；三是習用雞湯提味，許多著名燉菜中途要換幾次湯；四是席面富麗堂皇，有一股官府大宴的莊重氣質。

┃十二、毛肚火鍋小吃宴

毛肚火鍋小吃宴是以毛肚火鍋為主、川式小吃為輔的新式宴席，由重慶會仙樓賓館創製。其特點是格調高雅、氣氛熱烈、組配靈活、菜點兼備、冬吃果腹暖身、夏吃開胃排汗、豐儉隨意、城鄉皆宜。

該宴以煤油爐為熱源（現今改用燃氣），4～6人，設中號爐，配方桌；8～10人，設大號爐，配圓桌；12～16人，設兩個爐，兩張方桌相連；16～22人，設三爐，3張方桌相連。為適應客人的口味，常用鴛鴦鍋（一鍋二格），分別盛入清湯與紅湯；設兩爐或三爐者，可用正宗麻辣湯料、稍淡麻辣料和清湯各一盆，讓不同嗜好者分別圍爐而坐。

毛肚火鍋是一主菜，要求滋味濃厚，用料豐富，一般都配置毛肚、鯽魚、鱔魚、鰍魚、魷魚、墨魚、海參、豬肝、牛腰、腦花、食用菌、粉條、菠菜等10多種，高檔的還可加配對蝦、鱖魚片、猴頭菇、田雞腿之類，讓客人盡興吃夠，席間穿插上桌的小吃也有八寶綠豆沙、花生醬、芝麻糊、蓮米羹、小湯圓、清湯抄手、開洋年糕、三鮮燒賣、鴨參粥等10餘種，做到鹹甜交錯，濃淡相間，乾稀調配，冷熱均衡，最後上水果、蜜餞與茶，去葷解膩，醒酒化食。

火鍋小吃席設在會仙樓賓館樓頂花園，景色怡人，白天可憑眺山城風光，晚間可縱覽霧都燈火，不少美食家慕名而來。

第三節 西式宴會菜單鑒賞

‖ 一、西式宴會菜單

例1：法式宴會菜單

照燒法國鵝肝

森林奶油蘑菇湯

巴黎奶油焗小龍蝦

勃艮第黑椒牛小排

芒果慕斯蛋糕

例2：英式宴會菜單

焗螃蟹蓋

蘇格蘭羊肉三角米湯

啤酒糊炸魚柳

英式烤牛肉

核仁蛋糕

例3：俄式宴會菜單

馬鈴薯沙拉

羅宋湯

俄式熏魚

罐燜牛肉

起司蛋糕

例4：美式宴會菜單

華爾道夫沙拉

蔬菜濃湯

蟹湯鮭魚

凱君式烤牛柳

蘋果派

‖ 二、西式自助餐宴會菜單

湯類：

法式洋蔥湯

鄉村濃湯

海鮮濃湯

冷盤類：

烤牛肉片

巴瑪腿密瓜卷

煙熏鱒魚

鮮蝦吐司

胡蘿蔔絲

芹菜絲

番茄片

沙拉類：

龍蝦沙拉

什肉沙拉

馬鈴薯沙拉

華爾道夫雞肉沙拉

熱盤類：

法式焗生蠔

德式煎豬排

義大利燴海鮮

香草烤羊排

紅酒煨牛腩

香茅雞

炸魷魚

咖哩蟹香橙鴨

烤鰭鱈魚

煎鮭魚

什錦花菜

煎沙丁魚

客前烹製類：

烤乳豬

扒鮮大蝦

三鮮義大利麵

甜品與西餅類：

焦糖布丁

黑森林蛋糕

芒果起司蛋糕

美國起司餅

麵包布丁

巧克力蛋糕

水果凍

各種麵包

水果類：

香蕉

鳳梨

芒果

葡萄

飲料類：

啤酒

咖啡

檸檬茶

牛奶

▌三、西式冷餐酒會菜單

冷菜類：

鵝肝醬迷你三明治

甜杏堅果奶酪配餅乾

煙熏雞胸迷你麵包圈

玉米薄脆配鱷梨醬

雞尾鮮蝦杯

水果沙拉

干貝卡芒貝爾乾酪葡萄

麵包起司條

干貝醃鮭魚

蝦肉沙拉匙

芒果雞肉沙拉

鮪魚沙拉匙

橄欖油醃菜

赤貝壽司

熱菜類：

香煎多春魚

橙汁烤鴨

甜點類：

提拉米蘇

黑森林蛋糕

摩卡蛋糕

迷你泡芙

迷你比薩

藍莓蛋糕

香濃巧克力蛋糕

四、雞尾酒會菜單

冷菜類：

起司拼盤

彩虹沙拉

魚子醬配法式吐司

義大利兩頭尖海鮮沙拉

金鉤拌芹菜

德式冷肉盆

五香醬牛肉

泰式牛肉粉絲沙拉

湯：

野菌火腿湯

熱菜類：

烤蝦串

德國豬腳

沙嗲什錦串

甜點類：

法式點心盆

雲石紋起司蛋糕

餅乾

新鮮水果盆

思考與練習

1.中國古代宴席有何特色？

2.中國古代最著名的宴席是什麼宴？有何特色？

3.四川田席和洛陽水席有何異同？

4.中國傳統宴席有何優勢與劣勢？

5.西式宴席的排宴格式和宴飲形式有何優點？

6.中式傳統宴席應如何改革？

第 10 章 宴席設計實例

第一節 單點菜單的設計與使用

單點菜單,即點菜菜單,它是餐廳裡最常見、使用最廣的一種菜單形式。其特點是菜品種類較多,分門別類,客人可根據個人喜好自由選擇,並按價付款。在餐旅行業裡,零點菜單主要由廚房主管主持設計,餐飲服務人員,特別是服務管理人員協同完成。零點菜單設計好後,應由餐飲服務人員負責解釋說明。

‖ 一、確立營銷品種

設計零點菜單,最主要的任務是確定所要經銷的菜品。菜單設計者應根據市場的現狀和趨向,結合自身的目標和條件,通盤考慮影響菜品安排的各項因素,審慎決定產品的種類、價格及質量。具體地講,菜單設計者在確定營銷品種時,應考慮如下因素。

（一）酒店的自身條件

菜單設計者在確定營銷品種前,首先應對自己所在的酒店有一個全面的瞭解。一般情況下,酒店的地理位置、規模設施、人員構成、管理水平、技術能力、服務質量、社會聲譽、營銷狀況及競爭能力等都會影響餐飲目標的確定。只有一切從實際出發,客觀而真實地認清了自己酒店的情況,才會準確地給本店的菜品定位。

（二）客源的需求狀況

餐飲目標市場的確定與賓客的需求狀況密切相關,而賓客的需求狀況又受其性別、年齡、職業、個人支付能力、消費習慣等因素的影響。因此,要確定零點

菜單的營銷品種，在瞭解酒店自身條件的基礎上，必須從研究賓客的需求狀況著手。只有透過市場調查，真正掌握了賓客的需求，才能有的放矢，不至於盲目行動。

（三）待選菜品的全貌

要編制零點菜單，設計者務必掌握相當數量的菜點。本餐廳曾經用過的菜點、其他酒店正在熱銷的菜點、當地飲食市場上的流行菜點、本店廚師推薦的特色菜點等，都應列入考慮的範圍之內。先普遍收集，再逐一篩選，這是確立營銷品種的常用方法。要做好這一工作，菜單設計者應對每一道待選菜點的原料構成、烹調技法、成菜特色、菜品類別、食用方法、營養特色、銷售價格、營銷狀況及其贏利能力等有一個全面瞭解。特別是菜點的營銷狀況及其贏利能力，將直接影響到酒店的經濟效益。如果安排一些既暢銷又能獲取高額利潤的菜品，則既能滿足賓客的餐飲需求，又能確保企業贏利。對於那些既不暢銷又屬低利潤的菜品，則應儘量迴避。

（四）原料的供應情況

烹飪原料是菜品製作的基本前提，凡列入菜單的各式菜品，廚房必須無條件地保證供應。有些餐廳，菜單上的菜點豐富多彩，但賓客點菜時卻這也沒有、那也沒有，究其原因，通常是原料斷檔所致。

（五）廚師的技術水平

安排零點菜單，務必考慮廚師的工作能力。菜單設計者如果一味地模仿其他酒店的菜單，或是單憑自己的主觀願望排菜，勢必會給菜點的生產者（廚師）帶來不少的麻煩。特別是那些似曾相識的菜點，操作時既難以保證質量，有時還會誘發一些矛盾甚至糾紛。因此，設計零點菜單要盡可能地展示本店的特色風味，儘量發揮本店廚師的技術專長。只有充分瞭解本店的廚師水平，真正讓其揚長避短，才會少惹麻煩，多出效益。

（六）餐飲設備與設施

菜點的生產與銷售，離不開餐飲設備與設施。確立本店的營銷品種，一定要

考慮現有的設備與設施能否保質保量地生產出菜單上所展示的菜點。換句話說，要根據生產能力籌劃菜單。一些因為設備設施而影響製作的菜品必須排除在菜單之外。

‖ 二、安排菜單程式

在選定了所要供應的營銷品種之後，還要將其合理分類，並按一定的順序加以排列，以便充分展示本店的營銷品種，方便顧客訂菜。這種將選定的菜點分門別類，並按一定的順序加以排列的工序，即為安排菜單程式。

（一）零點菜單的菜品分類

菜品的種類很多，可按成菜溫度、工藝難度、原料屬性、烹製方法等多種方式進行歸類。零點菜單的菜品分類，應視餐飲企業的規模而定，通常沒有固定的模式。一些中小型的中餐廳，一般是先將菜餚與麵點分開，再將冷菜與熱菜分開，對於各式熱菜，主要是以原料屬性為分類標準，其菜單程式可大致地表述為：冷菜類—海鮮類—河鮮類—畜肉類—禽鳥類—蛋奶類—蔬果類—湯羹類—麵點類。

冷菜類菜品主要指本店所經銷的各式涼菜。此類菜品常以魚、畜、禽、蛋、蔬、果為原料，主要由碟子師傅負責生產。

魚鮮類菜品涉及的範圍較廣。一些海水魚、淡水魚、蝦蟹等節肢動物，甲魚、牛蛙等兩棲爬行類動物都可作為此類菜品的主要原料。

畜肉類菜品係指以豬、牛、羊、狗、兔等畜獸類原料為主料所製成的各式熱菜，有時也涉及一些野味。

禽鳥類菜品係指以雞、鴨、鴿子、鵪鶉等禽類為原料所製成的各式熱菜。有些餐廳常把蛋類菜和奶類菜分開，分別列入禽鳥類和畜獸類菜品之中。

蔬果類菜品係指餐廳所經銷的各式素菜，其用料以時令蔬菜、水果為主，一些豆製品、菌筍類原料的應用也較廣泛。

湯羹類菜品泛指餐廳所經銷的各式湯菜和羹菜，有的餐廳習慣按口味將其分為鹹湯和甜湯，所用的原料種類較多。

麵點類菜品主要包括主食、點心和小吃，多由白案師傅負責生產，其營銷品種的安排常因當地的飲食習慣而定。

一些大中型中餐廳，由於菜單上所列的菜點數量較多，故其菜品分類細緻，除按上述分類方法歸類外，大多還結合自身的實際，細分出一系列特色菜品。例如，為了突出酒店的特色風味，增加廚師特選菜（餐廳的招牌菜、廚師的拿手菜）；為了區分菜品的規格檔次，將魚鮮類菜品細分為生猛海鮮菜、淡水魚鮮菜；為了強調某些菜品的食物療效，增加滋補食療菜；為了展示一些特殊的餐飲器具，增設鐵板菜、鍋仔菜、原盅菜、竹筒菜等。這些分類方法雖有交叉，有時甚至不太「科學」，但它方便顧客選菜，更能凸顯酒店的特色。

（二）零點菜單的菜品排列

選定的菜點經過分類之後，還須按一定順序加以排列。零點菜單的菜品排列應以人們的飲食習慣為基礎，按照先冷後熱、先乾後稀、先菜後點、貴賤交錯的排菜原則進行安排。

通常情況下，中式餐廳的菜單程式可表述為：①每日特選菜；②冷菜類；③海鮮類；④河鮮類；⑤禽鳥類；⑥畜肉類；⑦蛋奶類；⑧野味類；⑨蔬果類；⑩湯羹類；⑪點心類；⑫主食類。

西餐的進餐次序稍有不同，一般按照開胃菜—湯—主菜—甜點的次序先後進行，因此，西餐菜單通常是按開胃菜類—湯類—主菜類（海鮮、河鮮、畜肉、禽肉）—蔬菜類—甜點類—餐後飲料等排列。

‖ 三、解說菜單內容

為了提供優質服務，進行良好的餐飲推銷，餐飲服務員應對菜單上顧客可能問及的問題有所準備，對每道菜點的相關內容，如原料構成、烹製技法、成菜特點、菜品類別、菜名及售價、食用方法、營養特色、相關典故等，要能予以準確

地解說和描述。下面是點菜服務時所要解答的相關內容。

（一）原料構成

烹飪原料是菜點生產的物質基礎。介紹菜單上所列菜點的原料構成，應突出其主要用料，必要時還須指明其產地、部位及特性。例如，臘肉炒菜苔，其主料——紫菜苔係武昌洪山的特產，質地嫩脆爽口，滋味鮮香微甜；這一冬令時菜，曾是清宮貢品，享有「金殿御菜」之美稱。

（二）烹調方法

烹調方法是菜品品質的決定性因素之一。服務人員對於所列菜品的烹調方法的表述一定要正確，對每一烹法的主要成菜特色應瞭如指掌。例如，煨菜的特色是湯汁醇和、原料酥爛；爆菜的特點是脆嫩爽口、汁緊油亮。有些名菜名點，如毛肚火鍋、佛跳牆等，其成菜時間、火候特點等也屬介紹範疇，特別是那些耗時較長的菜點，應事先告知顧客，讓其心中有數。

（三）成菜特色

介紹菜品的成菜特色，是餐飲服務、餐飲推銷的主要內容之一。具體操作時，可重點陳述其色、質、味、形等感官屬性，並應把握「客觀實在、生動具體」這一原則。那些「色澤和諧、質地適口、滋味醇正、外形美觀」之類的模糊表述，只能被理解為敷衍搪塞；那些不切實際的溢美之詞更應堅決杜絕。例如，松鼠鱖魚，其成菜特色為：色澤紅亮，形似松鼠，外脆內嫩，甜中帶酸。這樣的敘述既簡潔明了，又真實具體，值得借鑑。

（四）菜品類別

餐飲服務人員熟悉菜品的類別，通曉本店所經銷的各式菜品，能夠協助顧客選菜，有利於餐飲推銷。例如，無汁的菜餚選得較多，可建議選用湯羹菜；鹹鮮味、香辣味的菜點較多，可建議選用甜味菜；葷菜選得太多，是否應該考慮素菜；普通菜選好了，是否該考慮本店的特色菜。此外，就餐時的節令菜、造型別緻的工藝菜、風味獨特的鄉土菜、食治並舉的食療菜、新穎奇異的創新菜等均屬介紹的範圍。若沒有相應的菜品知識作基礎，憑空推銷，很難造成應有的效果。

（五）菜名及售價

菜單上的菜點主要由菜名及售價來表述。菜點的命名方法主要有寫實法與寓意法兩種方法，寫實法一般能突出菜品的主料，反映菜品的概貌；寓意法則是抓住菜品的特色加以渲染，並賦予美稱。值得注意的是：介紹寓意法命名的菜點，應注重其寓意，以免顧客產生誤解。例如，螞蟻上樹係四川的一道象形會意菜，絕不可能用螞蟻和樹枝合烹成菜。

菜點售價主要由餐飲部門制定，服務人員在介紹菜品的價格時，要指明它是大盤、中盤或是小盤的價格；有些名貴菜餚，應按主料重量計價，用公斤或克來表示；有些菜餚可用器皿來表述價格，如一盅湯、一碗羹、一杯酒；有些菜餚則是按照飲食習慣以隻、個或塊論價，服務人員在介紹這類菜品時務必簡潔明了，不要給顧客錯誤的訊息。

（六）食用方法

和其他商品一樣，菜品也有自己的使用方法。例如，家常菜多用以佐飯，宴飲菜常用來佐酒，而食療菜則兼具食、治雙重功能。再如冷菜，只有冷至透心，才能食之爽口；而熱菜則要求一熱三鮮，趁熱品嚐。有些熱菜，如清蒸毛蟹等，除強調食用溫度外，還須做去骨、出肉等處理，服務人員在介紹這類菜餚時，不能不作出簡要提示；有些熱菜，如烤菜、炸菜、蒸菜等，食用時往往要佐以味碟，例如，清蒸白鱔應配薑醋味碟、香酥鴨方宜配椒鹽味碟，服務人員既要因菜備好味碟，還應適時為顧客提供幫助。

（七）營養特色

介紹菜品的營養特色，應重點突出其主要用料，萬不可誇誇其談。至於具體的營養素含量，最好不要量化，因為這些數據有待於透過理化實驗來測定。推薦營養套餐，可從葷素互補、乾稀搭配、膳食平衡、限制高鹽食品、避免脂肪和熱量過剩等方面著手，有針對性地進行介紹，其效果較為理想。此外，有些食療菜，如冰糖哈士蟆、蟲草燉金龜等，其特殊的食療效果必須向顧客作詳盡介紹。

（八）相關典故

一些特色風味菜點，如東坡肉、狗不理包子、叫化雞、麻婆豆腐等，大多附典於肴，寓情於菜。這類名菜名點的相關典故多是關於菜點來歷的解說，它往往與某些名人的逸聞趣事聯繫在一起，並揉進了老百姓的喜怒哀樂，故事有頭有尾，深深地吸引著賓客。從事餐飲服務時，可將這類名菜的文化性、藝術性、鑒賞性和實用性適時地展現給賓客，使顧客在品嚐特色佳餚的同時也領略到當地的民族風情和餐飲文化。介紹菜品的相關掌故，一定要因菜而異，讓賓客覺得真實可信，切不可胡編濫造、貽笑大方。

第二節 點菜的方法與技巧

點菜是一門學問，無論是自己埋單，還是替人點菜，所選的菜品務必合理。只有熟悉菜單及菜品的相關知識，掌握點菜的方法與技巧，才使「眾口如調」。

‖ 一、菜單及菜品

菜單是餐飲產品的名稱和價格的一覽表，是飲食企業從事營銷活動的宣傳品，也是溝通經營者與消費者的橋梁。菜單的形式多種多樣，較常見的菜單有單點菜單、套餐菜單、團體包餐單和宴會菜單等。單點菜單是餐廳裡的基本菜單，使用最為廣泛。其特點是菜品種類較多，分門別類，賓客可根據個人喜好自由選擇，並按價付款。中式單點菜單的菜點排列常因餐廳而異，多數是按菜品類別及原料構成分類，如冷菜類、海鮮類、河鮮類、畜獸類、禽鳥類、蛋奶類、蔬菜類、點心類、主食類、水果類。一些星級酒店，為了展示其特色風味，有時設專類供應其特色風味菜品（每日特色菜），有時還以餐具或烹調方法為分類依據，如火鍋類、鐵板類、煲仔類、原盅類、燉品類、燒烤類等。認識了菜單的排列規律，可快捷地從中選擇合適的菜點，可避免同類菜品的重複。

點菜時，除了認識菜單的排列形式外，還須熟知菜品的相關知識。菜品，即烹調加工的飲食品，它包括菜餚和麵點，也稱「菜點」。菜品知識包括菜品概況、原料構成以及成菜特色等。

菜品概況，指顧客對所列菜品的總體認識，它包括菜品類別、適用季節、銷售價格、所屬菜系以及與之相關的飲食文化。

原料構成，指製作該菜所用的主要原料及其重要的調配料。這些原料是製作該菜的物質基礎，是形成菜品風味及其成本的內在因素。

成菜特色，指菜點製成後所呈現的色澤、香氣、滋味、外形、質感、營養及療效等。菜品的色、質、味、形可透過人體感官進行鑒別，菜品的營養特色及療效則是隱性的，它們都是決定顧客菜品取捨的重要依據。

║ 二、點菜的策略與技巧

點菜的策略與技巧可謂仁者見仁，智者見智，它是實踐經驗的總結，它有一定的規律可供遵循。

（一）明確就餐目的，確定接待規格

選擇就餐時所需的菜點，首先應明確就餐目的，掌握接待規格。如果是親朋好友臨時聚餐，可選擇普通實用的菜品，佐酒下飯兩宜；如果請客意義重大，宴請的規模較小，則應確立檔次較高的菜品，以示莊重；接待尊顯的貴賓，菜品的規格應相對提高；若主人經濟能力有限，則應偏重實惠型的菜品；若就餐時人數較少，菜餚可相對簡單，甚至四菜一湯即可；若就餐人數較多，則應增加菜品的菜量，以保證在座的所有客人吃飽吃好。只有確定了接待標準，方可考慮菜品的類別與規格。

（二）因人選菜，迎合就餐者的嗜好

請客的目的就是要讓就餐者吃得暢快，玩得盡興。因此，就餐者的生活地域、宗教信仰、職業年齡、身體狀況、個人的嗜好及忌諱都應列入考慮的範疇。點菜時只有區別情況，「投其所好」，才能充分滿足不同的需求。

（三）瞭解餐廳的經營特色，發揮所長

點菜時，明確了接待規格，照顧了客人的特殊需求後，接著應考慮的是酒店

的經營特色。訂菜人所選取的菜品應與餐廳所供應的菜品保持一致。特別是酒店的一些特色菜（招牌菜、每日時菜），既可保證質量，又可滿足就餐者求新求異的心理，點菜時，不妨重點考慮。

（四）應時定菜，突出名特物產

確定所需的菜點，還應符合節令要求。像原料的選用、口味的調配、質地的確定、冷熱乾稀的變化之類，都應視氣候的不同而有所差異。首先，節令不同，原料的品質不同。例如，中秋時節上市的板栗，既香又糯，小暑時節的黃鱔肉嫩味鮮。其次，節令不同，菜點的供應方式不同。例如，夏秋兩季氣溫較高，汁稀、色淡、質脆的菜品居多；春冬兩季，氣溫較低，汁濃、色深、質爛的菜品居多。中國自古就有「春多酸、夏多苦、秋多辣、冬多鹹」之説，訂菜時，不能不加以考慮。

（五）注重品種調配，講求營養平衡

在客人欽定特選菜品、酒店的招牌菜品、不同時節的節令菜品等之後，接著該考慮的是菜點品種的調配了。調配所選菜點的品種，是點菜合理的關鍵之一。譬如，魚鮮菜品確定了，可適當配用禽畜蛋奶菜；葷菜確定了，應考慮素菜；熱菜確定了，應考慮冷菜、點心及水果等；無汁或少汁的菜餚確定了，應考慮湯羹菜；底味為鹹味的菜餚確定了，可考慮適當安排甜菜。此外，所訂的菜品往往以一整套菜點的形式出現，完全可使之成為一組平衡膳食，那麼，「魚、畜、禽、蛋、奶兼顧，蔬、果、糧、豆、菌並用」的配膳原則則應當加以考慮。

三、點菜應注意的問題

（一）確定就餐的酒店

選擇酒店是合理點菜的前提。確定在哪家酒店就餐，主要應根據接待的規格、賓主的身分以及是否方便就餐等因素確定。若是慕名而來，點菜時可直入主題，或由老顧客推薦，或由服務人員介紹。這類聲譽較好的酒店，菜品的品質、服務的質量均有保障，其宴飲氣氛較濃，更能迎合就餐者的心理，從而實現就餐

目的。如果步入不知根底的餐廳，可利用從眾的心理，隨大流點菜，也可由服務人員介紹，合理取捨。

點菜時，最好確定一些熟悉的菜點，對於那些所謂的「創新菜」、「迷宗菜」、「促銷菜」、「工藝菜」等則應謹慎為之。

（二）知己知彼，參考各種因素

點菜時，主動權往往掌握在訂菜人手裡。訂菜人不能只顧自己的愛好和興趣，還應參考其他客人的嗜好、服務人員的建議以及酒店的客觀條件等。對待同行客人的要求，特別是主賓的要求，要盡可能地滿足；對待服務人員的介紹，也應認真聽取。如果餐廳的場地過小，不可安排規模較大的接待工作；如果就餐的時間太緊，不宜選擇耗時過長的菜點；假如酒店的廚力不足，如果硬要安排一些工藝難度較大的菜品，最後的結果是雙方都不愉快。

（三）正確對待餐飲推銷

很多酒店，為了展示自己的特色菜品，擴大經營效益，往往派專職服務人員推銷菜品及酒水。特別是菜品推銷，有節令推銷、贈品推銷、打折促銷、現場演示等多種形式。對於服務人員的介紹，可藉以熟悉菜品的內容，作為訂菜的參考依據，至於是否真正選用該菜品，則應遵守上述訂菜規則，千萬不可聽之任之。特別是有些變相的強迫推銷，點菜時可委婉地拒絕。

（四）以較小的成本換取最好的收效

點菜要有節約意識。無論是誰埋單，在接待規格既定的前提下，要以較小的成本取得最好的收效，要以一定的費用換來最為豐盛的菜點。因此，訂菜時除了熟悉菜品（含菜價），熟悉酒店外，還得注意菜品及原材料品種的合理安排。具體操作時，可豐富原料的品種，適當增加素菜的比例；以名特菜品為主，鄉土菜式為輔；適當增加造價低廉以能烘托席面的菜品；適時參考酒店的促銷菜品及酒水等。這樣，花費的成本較小，給人的感覺則相對豐盛。

第三節 家常便宴的設計與製作

家常便宴，通俗地説，是指在家中操辦的便餐席。作為家宴，它強調宴飲要在家中舉行，家人團聚，親朋暢飲，溫馨和諧，輕鬆自如；作為便宴，它要求辦宴的工序要簡短，菜品的構成要靈活，宴飲的氣氛要活潑，酒菜的規格要合理。

設計與製作家常便宴，一要兼顧使用各類原料，力求構成平衡膳食；二要迎合家人及親友的特殊要求，協調飯菜的口味和質感；三要考慮自身的經濟條件，量入為出，定好酒菜的規格；四要符合節令的要求，使菜品的色質味形及冷熱乾稀應時而化；五要合理安排操作程序，使得飯菜的製作既順心又省時；六要盡可能地發揮自身的技術專長，揚長避短，確保每道菜餚萬無一失。

這裡設計了一桌家常便宴：涼拌毛豆、糖醋藕帶、蒜子燒魚橋、酸辣魷魚筒、蝦皮蒸蛋、江城醬板鴨、魚頭豆腐湯，6菜1湯，另加米飯和啤酒，適用於4～5月家人團聚或接待親友，可供6～8人食用。

下面是這桌便宴的操作程序、烹製要領和特色簡介，可供讀者參考：

一、操作程序

製作這類便宴，只需一人操辦，它可分為清理準備、切配加工及正式烹製三個環節，耗時大約80分鐘。

（一）清理準備

這一階段的主要任務是：清點所購的各種原材料，及時進行妥善處理；清洗鍋、碗、盤、盆等炊具和餐具，備好煙、酒、茶和各式飲具；備齊各種調料和配料，做好毛豆、藕帶等原料的初加工；洗米、洗菜，準備蒸飯。

（二）切配加工

這一階段的主要任務是：醬板鴨改刀裝盤，準備用微波爐烤制；魷魚剞花刀，改刀焯水並投涼；鱔魚清洗後，改切成段；魚頭劈成兩半，洗淨備用；備好魚香味汁及酸辣魷魚的綜合滷汁，拌好涼拌毛豆。

（三）正式烹製

這一環節的主要任務是：取電飯煲蒸飯，6 分鐘後，調製蝦皮雞蛋液，與米飯同蒸；用微波爐給醬板鴨加熱。與此同時，取炒鍋先煎煮魚頭豆腐湯，再燒製蒜子鱔魚橋；待兩主菜完成後，賓主可入席飲酒，爆魷魚及炒藕帶隨即迅速上桌。6菜1湯及米飯可在半小時內依次上席，所有飯菜一熱三鮮。

‖ 二、製作要領

（一）涼拌毛豆

剛上市的鮮毛豆，色澤亮綠、毛茸完整、豆莢飽滿，豆米脆嫩，品質最佳。毛豆焯水之前應使用滾油沖制薑末和蒜泥，兌好魚香味的調味汁。毛豆焯水的時間不宜過長，否則豆米疲軟，影響質感。本菜屬涼菜，可提前備好。

（二）蒜子燒魚橋

夏初的鱔魚質嫩味鮮，素有「小暑黃鱔賽人參」之説。本菜宜選中粗黃鱔，配以蒜瓣及五花肉同燒，風味更佳。燒製鱔魚應於原料七成熟時放鹽，於菜餚起鍋時重用胡椒粉。本品益氣補血，有祛除風濕之效，食時應趁熱品鮮。

（三）蝦皮蒸蛋

蝦皮宜用蔥薑汁泡透、洗淨，除去腥味。蒸飯時，可將調好的蝦皮雞蛋液置入電飯煲內一同蒸製，節省正式烹製時間。調製蝦皮雞蛋液的竅門是：取新鮮的土雞蛋（3顆）拌勻，加入食鹽、白糖和蝦皮，一邊攪動一邊慢慢注入白開水，置於滿氣的電飯煲內蒸至斷生即可。

（四）酸辣魷魚筒

水發魷魚剞麥穗花刀時應注意下刀的角度、深度和刀距。魷魚正式烹製前應調好兌汁芡。爆炒魷魚筒以收包芡為佳，鍋內底油不宜過重。魷魚過油、爆炒、上菜應連貫進行，以確保其質感。

（五）江城醬板鴨

江城特產醬板鴨質地酥嫩、滋味鮮香、售價適中，佐酒下飯兩宜，為不少居

民青睞。醬板鴨每份僅用半隻，可烤可蒸可炸，食時冷熱皆宜，簡便大方。

（六）魚頭豆腐湯

選擇壯實的鮮活鯿魚頭，配以精煉的豆油或豬油煎製，使用旺火加熱，可使湯汁濃釀如奶汁。待湯汁濃白後加入豆腐和食鹽，用鹽量不宜過多，以鹹鮮略帶微甜為準。本菜色白味醇，一塵不染，湯一煮成，即應趁熱品鮮，「及鋒而試」。

（七）糖醋藕帶

藕帶以白嫩、壯實、脆爽者為上品，烹前宜用清水浸泡。烹製時應熱鍋冷油、旺火快炒，臨近起鍋時調味。用米湯或水澱粉勾薄芡，可增加菜餚的光澤，便於藕帶入味。為了迎合嗜辣的家人及親友，本菜可調香辣味或酸辣味。

‖三、主要特色

從筵席結構上看，作為便餐席，這套菜品沒有固定的模式，不講上菜順序，各式菜餚可同時上桌，簡便大方。

從原料構成上看，這桌小筵席合理使用了江鮮、海鮮、禽肉、蛋類、蔬菜及主食，特別是魚鮮和蔬菜，既凸顯了地方特產，又兼顧了節令。

從製作方法上看，它集蒸、拌、燒、煮、炒、爆等技法於一體，因料而異；所有的烹法皆簡便實用，無一耗時過長，適合於居家選用。

從菜品感官評審上看，這桌便宴的7道菜餚兼顧了色、質、味、形的合理搭配。如菜餚的口味，有鹹鮮味（3道菜）、香辣味、糖醋味、魚香味、酸辣味5種；菜品的質地、色澤、外形等更是一菜一格，各不相同。

從營養配伍的角度上看，其最大特色是高蛋白、低脂肪的食品居於主導地位，素料、主食也占有一定比例。它注意了廣泛取料、葷素結合及蛋白質互補，克服了傳統家宴的那種「四高模式」（高蛋白、高脂肪、高糖和高鹽），這種組配方式，完全可構成一組平衡膳食。

著名的宴席專家陳光新教授說：筵席的發展趨勢是小、精、全、特、雅。操辦這樣一桌小而精的便餐席，可以視作一種嘗試。

第四節 鄉村家宴的設計與製作

婚喪壽慶、逢年過節，生活日漸富裕的鄉親們還是習慣於在家中設宴待客，聯絡親情。酒席上觥籌交錯、笑語盈盈，其意深深、其樂融融⋯⋯

制辦鄉村家宴，雖是小事一樁，可酒席的涉及面廣，影響較大。同樣是花錢辦宴，有人辦得既經濟實惠，又體面大方；有人卻枉費財力，勞神不討好。由此看來，其中有個經驗和技巧的問題。

設計與製作鄉村家宴，既要注重家宴菜單的編制、烹飪原料的選購，還須合理安排辦宴程序，靈活掌控宴飲節奏。下面是筆者多年來操辦鄉村家宴的經驗和體會，現整理出來，也許對鄉村親友及代人辦宴的同人有些參考作用。

‖ 一、菜單的編寫

家宴菜單，即家宴上所列菜品的清單。它是採購原料、製作菜點、排定上菜程序的依據。由於家宴菜單編制的好壞，會直接影響到宴飲的效果好壞，關係著家宴的成敗，所以，對它切不可馬虎粗心。許多實例證明：設計一份適合自己施展才藝的菜單，能為家宴的順利進行鋪平道路。

（一）菜品的選擇

操辦鄉村家宴，必須選擇好合適的菜品。確定家宴的菜品，首先要分清宴飲的類別，尊重賓主的需求。例如，壽宴可用「壽星全鴨」，如果移之於喪宴，就極不和諧；一般宴席可用分份的梨子，如果用之於婚宴，就大不吉祥。鄉村的親友特別注重傳統的風俗習慣，強調「以人為本」。所以，當地酒宴上的習用菜點以及賓主們嗜好的菜餚，能夠兼顧的應儘量考慮。因為辦宴的目的是愉情悅志、同歡共樂，只有隨鄉入俗，才不致讓鄉親們掃興。

　　照顧了賓主的要求後，接著應考慮辦宴者的拿手菜點，儘量發揮自身的技術專長。對待別人好奇而自己較陌生的菜餚，必須審慎為之，切不可抱僥倖的心理。例如，「脆炸鮮奶」，雖然菜名悅耳，可是製作的難度較大，如果辦宴者對此把握不大，不如乾脆迴避。行家們常說：揚長避短是編擬菜單的要訣，此話一點不假。

　　為了穩妥保險，操辦規模較大的鄉村家宴時，應儘量選擇操作簡便且不易失手的菜餚。例如，烹製「酸辣魷魚」，選用乾魷魚漲發，就不如直接購買水發魷魚；用土灶烹製菜餚，魚絲容易散形，不如改用魚片。對於工藝複雜的菜餚，更須量力而行，如果時間倉促，又不忍割愛，勢必弄巧成拙，力不從心。例如，婚慶宴上安排「飛燕全魚」，其感官良好，寓意也深刻，但製作此菜耗時費力，成本又高，且不易把握，倒不如改用「乾燒全魚」，既簡便省事，又中看中吃。

　　務本求實，是操辦鄉村家宴的基本原則。確定家宴菜品時，應特別注重其食用價值，切不可譁眾取寵、欺哄賓客。有些菜餚，如「九龍戲珠」、「百鳥朝鳳」之類，看上去龍飛鳳舞，吃起來味道平平；如果用來照相、裝飾門面，倒還可以，若安排在鄉村家宴中讓人品嚐，則是格格不入的。

　　在鄉村設宴，不同於賓館酒樓，簡陋的辦宴條件，不能不加以考慮。人手不夠時，在菜品的取捨上最好是刪繁就簡、周密安排；設備不全時，則要迴避那些對炊具要求苛嚴的菜品。例如，「鐵板牛柳」，如果家中沒有鐵板，最好不要安排。特別是調料不齊時，千萬不要硬性地製作風味獨特的名菜名點。譬如，家宴上安排「豆瓣鯽魚」，本來無可厚非，如果一時購不到郫縣豆瓣，卻硬要安排此菜餚，這豈不是人為地設置路障，自己給自己找難堪！

（二）菜點的排列

　　家宴的菜點選定以後，還得按照一定的順序和比例加以排列，使之成為一席完整的佳餚。為了適應味型的變換，兼顧酒水的作用，長期以來，人們對於酒席的上菜順序有條習慣性的規程，即冷碟—熱炒—頭菜—大菜—湯菜—點心—水果。儘管鄉村家宴屬於便宴之列，其上菜規程可以靈活改變，不必完全照此硬套，但是，萬變不離其宗，「冷者宜先，熱者宜後；鹹者宜先，甜者宜後；濃厚

者宜先,清淡者宜後;無湯者宜先,有湯者宜後;菜餚宜先,點心宜後」的就餐習慣還是應當遵循的。

安排鄉村家宴,既可參照當地的酒宴格局,也可借鑑正規宴席的模式。一般來說,冷碟通常為4～6道,多是以雙數的形式出現。熱炒通常為2～4道,大多安排旺火速成的菜餚。大菜的數量應因辦宴的規格而定,一般為6～10道,其中,素菜、甜菜、湯菜是必不可少的。頭菜作為整桌家宴的「帥菜」,量要大、質要精,風味必須突出。點心、水果等屬於家宴的「尾聲」,排菜的要訣是「少而精」。

要使鄉村家宴的宴飲效果理想,排列家宴菜點時,還須注重工藝的豐富性。如果菜式單調、技法雷同、味型重複,賓客難免會產生厭食情緒。所以,確定菜點順序時,還得注意原料的調配、色澤的變換、技法的區別、味型的層次、質地的差異和品種的銜接。只有合理排菜,靈活變通,才能顯現出鄉村家宴的生機和活力,給就餐者以新穎的觀感。

(三)家宴成本的分配

編擬席單之難,主要還不在於菜品的選擇和排列,而是如何合理分配辦宴的成本,準確地進購各類原料。編制家宴菜單時,必須瞭解每桌酒席所要花費的總成本,先將總成本劃分為三大部分,分別用於冷菜、熱菜和點心水果等。一般情況下,這三組食品的大體比例分別是:普通家宴:12%、80%、8%;中高檔家宴:16%、70%、14%。在每組食品中,再根據每道菜餚的原材料構成,結合市場行情,推算出大致成本,使各組菜品的成本總和與該組食品的規定成本基本一致。只有這樣,整桌菜餚的質量才有保證,各類菜品的比重才趨於協調。

下面是一份中低檔次的鄉村家宴菜單,原材料成本為240元,適宜於初春使用,可供辦宴者參考。

武漢北郊鄉村家宴菜單

類別	菜品名稱	
冷碟	麻辣魚肚檔　　　芝麻拌香芹	糖醋漬油蝦　　　紅油牛肚絲
熱炒	蒜爆魷魚筒　　　臘肉炒藜蒿	茄汁鯛魚片　　　魚香爆腰花
大菜	黃陂燒三合　　　酥炸蓮藕丸　　　銀耳馬蹄露　　　乾燒整鱅魚	梅干扣蹄膀　　　江城醬板鴨　　　清炒紫菜薹　　　五圓燉全雞
點心水果	地菜餡春捲　　　新春冰糖橘	豆沙小甜包　　　五峰山綠茶

二、原料的選購

安排家宴的原料，首先應根據辦宴的規格，合理地確定不同的品種。一般來說，中高檔家宴，可適量安排名貴物產，而普通的鄉村酒席，通常都是就地取材。在湖北農村，一桌家宴如果用上了「四喜四全」（「四喜」即四種花色點心，「四全」指全雞、全鴨、全魚、全膀），就算上了檔次了。在四川農村，鄉間田席的主菜多為「九大碗」，用料雖然普通，但它名揚中華大地。類似的鄉村名宴還有河南洛陽水席、魯西陽谷鄉宴、遼東三套碗席、鄂西三蒸九扣席，用料皆以當地物產為主，原料檔次不高，但酒席的適應面廣。

為了顯示酒宴的規格，有人覺得不用山珍海味不足以贏得賓客的好評。其實，價廉物美的土特產原料，只要做得奇妙，效果同樣理想。清代美食家袁枚說：「豆腐得味遠勝燕菜，海菜不佳不如蔬筍。」在鄉村操辦家宴，要盡可能地安排當地的名特產品。「山不在高，有仙則名；水不在深，有龍則靈」，像山西的刀削麵、山東的蔥卷餅、寧波的小湯圓、湖北的糊米酒，誰不叫好呢？至於家中的祖傳私房菜，更應優先考慮。如四川泡菜、湖北蝦酢、桂林腐乳、北京香椿之類，雖然自己吃膩了，別人也許從未吃過，會有新奇、香鮮、大快雜頤的感

受。

確定了家宴原料的規格後，接著應考慮的是如何去調配原料的品種。這是因為：交替使用各類原料，既能提高整桌菜餚的營養價值，又能給人一種變化的美感。廚諺云，「席貴多變」，農村的家宴自不例外。具體辦宴時，最好是魚、畜、禽、蛋、奶兼顧，蔬、果、糧、豆、菌並用。如果原料過於單調，不但菜式易於雷同，製作比較困難，而且會影響就餐者的食慾，減弱筵宴的情趣和魅力。

有了種類較多的原料，的確可以豐富菜餚的品種，但欲使辦宴的效果更加理想，在同類原料之間，還應儘量選擇優質的原料。《隨園食單·先天須知》在強調選用優質原料時説：「人性下愚，雖孔孟教之，無益也；物性不良，雖易牙烹之，亦無味也。」操辦鄉村家宴時，如果適當地多用當地的名優特產，既有利於保證菜餚的質量，又能提高整桌宴席的檔次。

強調選用優質原料，不能不考慮筵席的成本。只有靈活地掌握市場行情，真正懂得原料的屬性，合理地調配菜餚，才能有效地降低辦宴成本。製作同一菜餚，若有幾種原料可供選擇時，則要考慮使用哪種原料最為經濟合理。例如，純瘦肉和五花肉都可以用來製作「地菜春捲」，顯然前者不及後者划算；青魚和鱖魚都可以製作魚丸，但選高價的鱖魚就不如用低價的青魚。操辦同一規格的家宴，可供選擇的原料更是靈活多變。對待售價基本同檔的原料，還須根據市場行情和人們的飲食習慣，擇優選用。例如，羊肉和狗肉都可以用來制火鍋，但「狗肉不上正席」；排骨與蹄膀都可紅燒，但用後者就更顯氣派。像這樣根據實情合理地選擇原料，花費的錢財雖然相同，宴飲的效果卻大不一樣。

鄉村的家宴，歷來講究豐盛。要想降低辦宴成本，確保菜餚的分量，還可採用如下方法：第一，適當地增加素料的比例。鄉村的物產大多是自產自銷，總地來講，素料低廉，葷料昂貴。操辦鄉村家宴時，如果適當地增加素料的比例，既可提高整桌酒席中維生素、無機鹽的含量，改變傳統宴席中重油大葷的弊病，又能增色添香，調節口味，有效地降低辦宴成本。第二，多用成本低廉且能烘托席面的菜品。例如，甜菜「銀耳馬蹄露」，雖然用料普通，成本極低，但它甜潤適口，美觀大方，能使酒宴顯得豐盛；而「乾煸牛肉絲」之類的菜餚，對原料的要

求特別嚴格，用掉那麼大的一塊精料，最後只能得到這麼小的一小碟菜餚，即使此菜的口感再好，席面也顯得寒酸，耗費了錢財不說，部分客人還認為是「小氣」。第三，合理運用邊角餘料，注意統籌兼顧、物盡其用。例如，買回一隻豬後腿，分檔取料以後，肥的可做「夾沙甜肉」，瘦的可炒「魚香肉絲」，膘油可以煉油炒素菜，骨頭可以加蘿蔔煨湯，豬皮晒乾後可以油發，所剩的碎塊、筋膜剁細後，還能製肉茸。私人請客，不同於公款揮霍，鄉親們要求在家中設宴，大多考慮過一料多用的問題，如果辦宴時少取多棄，倒不如直接進酒樓飯店更為方便省事。現今有些大廚外出辦宴不太受歡迎，主要原因之一便是那種大手大腳的用料習慣令人害怕。

至於原料的用量，當然要以人人吃飽為原則。通常情況下，每桌4～6千克淨葷料，6～8千克淨素料便足夠了。值得注意的是，鄉村家宴的購料，不同於賓館酒樓，由於儲存條件有限，原料進多了，造成浪費，主人暗暗叫苦；原料進少了，賓主尷尬，辦宴者更是無力回天。所以，安排鄉村家宴的原料，應當掌握好寬打窄用的原則，既不能太緊，又不能過鬆，還得適當留有餘地（鄉村親友在婚喪壽慶時有一連住上幾天的習俗，便餐特別多）。備料稍寬，既便於排菜操作，又有利於應付臨時增加的客人，略多一點，也好及時處理。

如果市場供應發生了變化，所進的原料不夠合理，則應見料做菜，靈活變通。主料不足時，可以適當增加配料，配料不齊時，可以靈活選用替代品。在鄉村辦酒席，不同於在示範室裡給學生授課，它應當是不變中有變（用料），變中有不變（風味），如果墨守成規，一味死守菜譜，宴飲就難以進行。

談及靈活變通，順便談一下「正宗」的問題。酒樓飯店對此很是講究，用料、刀工、火候、調味都得一絲不苟，菜餚的色、質、味、形都有明確的規定，而在鄉村操辦家宴，由於條件有限，恐怕不能一一遵循。因此，大廚在鄉村操辦酒席，要多一點靈活性，只要保證基本風味不變就可以了。如果對原料過分挑剔，不僅難於購買，自己也陷於被動，客人還會批評你只有死技術，沒有活本領，最後的結果往往是不歡而散。

三、家宴的製作

鄉村家宴的工序複雜，時間緊湊，設備簡陋，各項工作必須有條不紊地交錯進行，宴飲才能成功地進行。如果東一榔頭西一棒子，難免顧此失彼，貽誤時機。所以，操辦家宴之前，應著眼全局，統籌規劃。賓主的各項要求、辦宴的每一細節、操作的重點和難點都要通盤考慮，認真對待，誰先誰後誰主誰次，也應心中有數，做到忙而不亂。

一般來説，在鄉村制辦家宴，可分為清理檢場、初步加工和正式烹製三大步驟。

（一）清理檢場

制辦鄉村家宴，第一道工序是：依照菜單檢查原料的配備情況。清點原料時，應著重檢查原料的質量和用量，對待必不可少的原料，應催促盡快備齊；如果購物的確困難，進購了與席單無關的其他原料，則應靈活變動菜單，見料做菜。對待容易變質的原料，要及時處理，以便確保家宴的質量。

原料清點後，還須檢查爐灶的火力情況。性能良好的炊飲器具，能為烹製的順利進行帶來許多方便。值得提醒的是，農家土灶，大多灶體固定，火力雖可調製，但操作極不靈便；再者，用木柴作燃料，煙特重，對製品的色澤影響較大。因此，鄉村家宴的桌數較多時，建議臨時添加大煤爐。如果條件確實有限，則應多備三五個小煤球爐，哪怕是用來燒燒開水、煮煮湯菜，也有利於緩解走菜時的緊張局面。特別是一些流水席，大多使用海碗裝菜，湯羹菜、蒸燜菜的比重較大，如果用單一土灶慢慢烹製，則要等待很長時間，與其望著炒鍋發呆，倒不如多備爐灶，以不變應萬變。

至於鍋、碗、盤、盆等必備之物，也應逐一清查，提前預備，以便急時使用。例如，多備幾口炒鍋，就有利於提前預製「黃燜雞塊」、「紅燒牛脯」等耗時較長的大菜，先將原料燒至八九成熟，待上菜時，原鍋上火，瞬間即成。多備幾個臉盆或笪箕盛裝原料，它對於配菜的條理性，也大有幫助。

在鄉村操辦筵席，由於條件有限，炊制工具多不齊備（有時甚至不合要求），對此，不要求全責備。實際操作時，能代用的要代用，能湊合的要湊合，能改裝的要改裝。像鐵絲編的漏勺、葫蘆製成的水瓢，凡是能派上用場的，都應

派上用場，如果不能因陋就簡，鄉村家宴的製作就寸步難行。

（二）初步加工

家宴的初步加工主要是為宴前烹製作準備的。具體操作時，首先要做好各種乾貨原料的漲發工作。在漲發的同時，可以著手進行冷菜原料的初步加工（如牛肉改為大塊、豬肚翻洗乾淨），接著是開爐堂，燒沸水，把該焯水的原料（豬舌、雞爪）全部焯水，然後根據原料的質地和新鮮程度，把該滷製的原料（牛肉、心頭）分批滷製。在滷製的同時，可抽空對魚類、畜類、禽類、蔬菜等熱菜的原料進行初步處理，分檔取料，並做好必要的切料、漿拌等準備工作。對待茸製品（魚茸、肉茸）及工藝菜餚（「蘭花魷魚」、「壽桃樊鯿」），也應抓緊時間逐一完成。待至涼菜滷好以後，接著就開油鍋，把該炸製的原料（肉丸、雞翅）處理為半成品。如果爐灶還閒著，可以把豬骨、雞架、肉皮等下腳料熬成毛湯。最後，按照菜單合理地進行配菜（桌數較多時，最好用碗一份份地量好），並將所有的菜品原料按上菜順序分門別類地擺放整齊。至此，鄉村家宴的準備工作才算完成。

值得注意的是，有些經驗不足的辦宴者，由於技藝不夠嫻熟，或是沒有經歷大的場面，老是害怕走菜時的緊張局面，要麼將本該「現烹現吃」的菜餚（如「家常石雞」、「油爆腰花」）處理至熟；要麼備上大的蒸籠，統統蒸熟備用。其實，這種急躁的心理是多餘的，只要宴前操作的程序合理，及時上菜是不成問題的。

（三）正式烹製

宴飲的當天，首先要切好蔥、薑、蒜，備齊各種調味料（花椒鹽、麻辣汁），並將這些調料依次擺放在順手的案上，以便及時取用。冷碟的拼擺要根據宴飲的規模和辦宴的時間靈活掌握，如果家宴的桌次較少，規格較高，可以適當地進行造型，但絕不可喧賓奪主，衝擊了「以味取勝」這一辦宴主旨；如果家宴的桌次較多，時間有限，則應刪繁就簡，免去裝飾等環節。冷碟的調味汁要在臨近走菜時澆入，以免水分過早滲出，影響菜餚質地。熱菜是筵宴的「主題歌」，拼好冷碟後，應把熱菜中該焯水的原料（如魷魚）焯水，該過油的原料（如鴨

塊）過油，對待耗時較長的煨、燉、蒸、燜等大菜，也應根據原料的質地提前進行預製，為上菜的順利進行掃清障礙。

走菜前40分鐘，應檢查一次爐灶的火力情況，添足燃料；清點一下整桌酒菜原料，以便心中有數。開席時間一到，首先端出冷菜，緊接著迅速自如地烹製好全部熱炒菜，然後精心調理好頭菜。這便為後面的菜品製作贏得了主動權，此時，有足夠的精力去製作其他大菜了。由於鄉下親友宴飲的節奏普遍較快，建議在烹製其他熱菜的同時，及時地推出事先預製好的大菜；如果遇上宴飲節奏較慢的親友，則應根據宴飲的進程靈活調排，從容不迫。這中間既要防止菜點通盤齊上、疊碗疊盤、變相逐客的情況出現，又要避免盤碗朝天、賓主等菜的尷尬局面。至於點心、水果之類，必須提前備妥，隨要隨用便是了。

辦理大型的鄉村家宴，有時需要聘請專職廚師，各位廚師之間還須處理好分工和協作關係。主廚不要事必親躬，而應分清主次，抓住重點。對於摘洗、刨皮、切削、排剁等工作，可以讓幫廚人員去幹；對於切料、漿拌、拼擺、過油等工作，只要不影響菜餚的質量，也應交由助手承擔；而備料、配菜、烹製、調理等關鍵性的工序，則應慎重其事，親自動手，重點把關。善於使用助手的主廚，應當是立足爐案，眼觀餐室，運籌帷幄，遊刃有餘的，這樣既可減輕自己的勞動強度，騰出時間和精力確保重點，又能鍛鍊助手，溝通主人，收集反映，確保宴飲的順利進行。如果事事包辦，不但延誤了辦宴時間，而且累得精疲力竭，最後落個吃力不討好！

總之，鄉村家宴的設計與製作，應該靈活隨意，只要能達到賓主同歡的目的，怎樣辦得好就怎樣辦，千萬不要把餐館的那一套硬性地拿來照搬照套。

第五節 旅遊包餐菜單的設計

旅遊是件賞心悅目、令人心馳神往的遊樂活動。旅遊活動離不開餐飲，餐飲是旅遊活動得以順利進行的前提。旅遊餐飲具有多種多樣的形式，其中，應用最廣泛的當屬旅遊包餐。

　　旅遊包餐，係團體包餐的一種主要類型，是指旅客在旅行社為其事先預訂之後，以統一標準、統一菜式、統一時間進行集體就餐的一種餐飲形式。其特點是：事先預訂、人多面廣、簡易就餐、集中開席、服務迅捷。旅遊包餐菜單的設計多由旅遊接待部門來完成，這一工作看似簡單而又平凡，但有不少規則需要遵守，有不少問題值得探究。

　　設計與製作旅遊包餐，必須選擇好合適的菜品。確定旅遊包餐的菜品，首先要分清旅遊團隊的類別，尊重旅客的合理需求。具體操作時，一旦涉及外賓，首先應瞭解的便是國籍。國籍不同，口味嗜好會有差異。譬如，日本人喜清淡、嗜生鮮、忌油膩，愛鮮甜；義大利人要求醇濃、香鮮、原汁、微辣、斷生並且硬韌。無論是接待外賓還是內賓，都要十分注意遊客的民族和宗教信仰。例如，信奉伊斯蘭教的禁血生，禁外葷；信奉喇嘛教的禁魚蝦，不吃糖醋菜。凡此種種，都要瞭如指掌，相應處置。至於漢民，自古就有「南甜北鹹、東淡西濃」的口味偏好。即使生活在同一地方，假若職業、體質不同，其飲食習尚也有差異，如體力勞動者愛肥濃，腦力勞動者喜清淡，老年人喜歡軟糯，年輕人喜歡酥脆，能照顧時都要照顧。

　　照顧了旅遊團隊的具體要求後，接著應亮出酒店的特色菜點，儘量發揮自身的技術專長。在旅遊過程中，遊客品嚐地方特色菜點既是構成旅遊經歷的重要組成部分，又可滿足其攝食養生、求新求異、求美趨時等消費心理。像北京的仿膳菜、海南的海鮮菜、四川的農家菜、陝西的餃子宴等等，無不特色鮮明，常令遊客津津樂道、流連忘返。對待旅客好奇而主廚較陌生的菜餚，則要審慎為之，切不可抱僥倖的心理。有些菜餚，雖然菜名悅耳，可是製作的限制條件太苛嚴，如果廚務人員感到為難，不如乾脆迴避。行家們常說：揚長避短是選擇菜點的一大要訣，此話適用於設計各類菜單。

　　除「因人選菜」、「揚長避短」之外，「質價相稱」、「優質優價」的配菜規則也須遵守。遊客如果選擇在風味餐廳就餐，則應多選精料好料，巧變花樣，推出當地知名的特色菜品，為其提供個性化服務；如果團隊的遊客較多，出價又低，則應安排普通原料，上大眾化菜品，保證每人吃飽吃好。值得注意的是，現

今有些餐廳違反了「質價相符」的配菜原則，300元的包餐與200元便席區別不大，甚至沒有區別。這種「以高補低」的做法，嚴重挫傷了高標準訂餐的旅行社的積極性，大家攀比著降低訂餐標準，必然會導致餐飲投訴的發生。

務本求實，是承製旅遊包餐需要遵守的又一基本原則。因為，旅遊包餐的主要特徵是「人多面廣、簡易就餐」，用有限的旅遊餐費，去承製一整套菜點，去迎合眾多的旅客，不能不注重其食用價值。例如，普通的旅遊包餐上如果安排「珊瑚鱖魚」，其色、質、味、形雖無可挑剔，但此菜耗時費力，食用性差，成本又高，倒不如改用「黃燜魚方」、「乾燒全魚」之類的菜餚，既簡便省事，又中看中吃。

旅遊包餐是否受人歡迎，一要看菜點的數量和分量，二要看菜品的特色與質量，三要看就餐的環境，四要看服務的水平，五要看衛生狀況，六要看價格是否合理。究其根本，還是菜品質量和價格因素最重要。所以，承辦旅遊包餐，應特別注重統籌規劃、靈活變通。具體地說，設計菜單時，可適時借鑑下列方法：一是豐富原料的品種，適當增大素料的比例；二是選擇應時當令的原料，突出節令物產；三是努力翻新菜品花樣，注意整套膳食的營養平衡；四是多用地方特色菜品，降低餐飲成本，確保飯菜質量；五是巧用粗料，精細烹調；六是合理安排邊角餘料，物盡其用；七是注意菜品間冷熱、葷素、鹹甜、濃淡、乾稀的調配；八是避免正餐菜品的雷同，力爭做到餐餐不重複，天天不一樣。這樣，既能節省成本，美化席面，取悅賓客，又可提高酒店的社會聲譽，帶來可觀的經濟效益。

旅遊包餐的菜點選出之後，還須合理組合、依次排列。設計此類菜單，既要參照傳統的模式，還須兼顧當地的食俗。

由於旅行社的訂餐標準不同，旅遊包餐菜餚的檔次、品種等存在較大的差別，通常有自助式包餐、便餐式包餐和宴會型包餐等等形式。自助式包餐檔次較低，通常應用於早餐，以麵食、小吃為主。便餐式包餐適用於旅遊團隊正餐使用，其規格不高，適應面廣。這類包餐的菜品通常是6～8菜1湯，上菜不講究順序，宴飲不注重節奏。從構成上看：冷菜通常只用1道，要麼是什錦拼盤，要麼是雙拼冷盤或者三拼冷盤。熱菜通常為6～8道，兼顧使用禽類、畜類、河鮮、

海鮮、蛋奶、蔬果和糧豆，這其中，湯菜只用1道，以鹹湯為主。主食（或點心）是其不可缺少的組成部分，一般安排1～2份。宴會型包餐屬於檔次較高的旅遊包餐，它採用旅遊包餐的就餐方式，參照宴會席的排菜格局，只適用於那些提出特殊訂餐要求的群體，其排菜格式為：冷菜—熱菜（包括湯菜）—點心—水果。與正規的宴會席相比，其菜品數量不多，但質量較精，排菜時應以客人的具體需求為準。

至於各地的食風民俗，建議盡可能地兼顧。一些特殊的就餐方式，一些特異的排菜方法，只管搬過來，讓遊客鑒賞，取其精華，為我所用，這也是旅遊的一大樂趣。因為旅遊包餐常以便餐式包餐為主，其菜品的排列本來就沒有固定的規程，傳統的「八菜一湯、十人一桌」，也可因人而異、靈活變通。值得注意的是，無論採用哪類用餐方式，菜與菜之間的排列必須協調，也就是說，必須注意原料的調配、色澤的變換、技法的區別、味型的層次和質感的差異。只有合理調排，靈活變通，才能顯現出旅遊包餐的生機和活力，才能給遊客以新穎、暢快的觀感。

這裡是武漢某酒店為在武漢東湖—黃鶴樓—古琴台這一線路旅遊的客人設計的一份便宴式旅遊包餐菜單：

冷菜：麻辣牛肚絲

三色萵苣絲

熱菜：蒜苗燒鱔橋

沔陽新三蒸

乾鍋洪湖鴨

黃燜武昌魚

蝦米蒸雞蛋

虎皮炸青椒

香滑蔡甸藕

湯菜：土雞野菌湯

主食：華農新谷飯

這份旅遊包餐共八菜一湯，另加米飯，適用於春夏之交，可做正餐使用，其訂餐標準為200元／桌／10人。下面是其特色簡介，可供鑒賞。

（1）從結構上看，作為便宴式旅遊包餐，這套菜品沒有固定的模式，沒有繁雜的儀程，座位不分主次，上菜不講順序，各式菜餚可同時上桌，簡便大方。

（2）從原料構成上看，這份桌菜合理使用了江鮮、海鮮、畜肉、禽肉、蛋類、蔬菜及主食，特別是淡水魚鮮和蔬菜，既凸顯了地方特產，又兼顧了節令。

（3）從製作方法上看，它集蒸、拌、燒、煨、炒、燜等技法於一體，因料而異；所有的烹法皆簡便實用，無一工序複雜，適合於批量烹製、集中開席。

（4）從菜品感官評審上看，這份桌菜的9道菜餚兼顧了色、質、味、形的合理搭配。例如，菜餚的口味，有鹹鮮味、麻辣味、醬香味、酸甜味、鹹香味5種。菜品的質地、色澤、外形等更是一菜一格，各不相同。

（5）從營養配伍的角度上看，其最大特色是高蛋白、低脂肪的食品居於主導地位，素料、主食也占有一定比例。它注意了廣泛取料、葷素結合及蛋白質互補，克服了傳統宴席的那種「四高模式」（高蛋白、高脂肪、高糖和高鹽），這種組配方式，完全可構成一組平衡膳食。

（6）從價格構成上看，這套包餐的訂餐標準為200元／桌／10人，若按10桌計算，其產品成本為1200元，總毛利額為800元，毛利率為40%，雖然利潤較薄，但它流程簡單，就餐迅捷，集中開席，時間統一，占用酒店的資源有限，如果有穩定的客源，其前景還是可觀的。

第六節 會議餐的設計與製作

會議餐，又稱會議包餐、會議套餐，是指開會期間，與會成員以統一標準、統一菜式、統一時間進行集體就餐的一種餐飲形式。這類套餐屬於團體包餐的一

種常見類型，其特點是：會前事先預訂、按時集體用餐；就餐人數較多，開餐時間固定；套餐規格較低，膳食標準統一；就餐程序簡短，服務要求迅捷。

在中國，會議包餐主要有自助式會議餐、便席式會議餐、宴會式會議餐以及套餐式會議餐等形式，它們的設計與製作，多由餐飲接待部門來完成。從表面上看，這項工作既簡單又平凡，但要贏得與會成員的普遍認同，確有不少問題值得探究。因為，會議包餐既不同於正規宴會，又有別於普通便席，它的接待規格不高，餐飲利潤較少，難以引起足夠的重視；與會成員人多面廣，就餐要求相對較多，難以逐一得到滿足；特別是週期較長的大型會議，顧客在同一餐廳多次就餐，多少有些厭倦情緒，稍有不慎，便會產生這樣或那樣的矛盾。因此，設計與製作會議包餐一定要持嚴謹的態度，只有遵循菜點的選配原則，採用合理的排調方法，認真對待每一菜點，方可製出令人滿意的會議餐。

確定會議餐的菜品，首先要明確就餐者的具體情況，尊重與會賓客的合理需求。只有在明確了就餐人數、包餐規格、接待方式、用餐時間、賓客構成、會議週期以及訂席人的具體要求後，才能據實選用相應的菜品。例如，高級別的會議包餐可選用宴會包餐等就餐形式，配置名酒名菜，而普通的會議包餐則宜使用便席式或套餐式的會議餐。再如，桌次較多的會議餐忌諱菜式的冗繁，不可多配工藝造型菜；週期較長的會議餐則應注意更新菜品花樣，避免菜式單調、工藝雷同。至於與會成員的具體要求，特別是訂席人指定的菜品，只要在條件允許的範圍內，都應儘量安排。只有投其所好，避其所忌，最大限度地滿足主辦方的合理要求，才能為菜單的設計和包餐的製作奠定良好的基礎。

照顧了會議主辦方的具體要求後，接著應根據會議包餐的接待標準確立菜品的取向。會議包餐作為餐飲營銷的一種重要形式，其菜品的配置必須遵循「質價相稱」、「優質優價」的選配原則。會議主辦方如果選擇在風味餐廳就餐，則應多選當地知名的特色菜品，為其提供個性化服務；如果與會成員較多，接待標準較低，則應安排普通原料，上大眾化菜品，甚至使用套餐來招待。通常情況下，可將餐廳所能供應的菜品分為三類：一是節令性較強的時令菜、知名度較大的流行菜以及本餐廳的特色菜和創新菜，二是飲酒佐飯兩宜的各式常供菜點，三是規

格較高、專供佐酒的宴飲菜。選配菜品時，應視第一類菜點為調配重點，優先考慮，視第二類菜點為會議包餐的主流菜品，靈活安排，第三類菜點一般不作考慮。

值得注意的是，大部分會議包餐以工作研討為多，主辦方既要考慮會議成本，又不想讓會議餐過餘寒磣。因此，會議接待部門在會議餐的安排上還須注意一定的方式方法，力求以最小的成本，取得最佳效果。第一，原料的品種要多樣化，魚畜禽蛋蔬果糧豆兼顧使用，可豐富會議餐的品種；第二，風味特色菜品為主，地方鄉土菜品為輔，可增強與會賓客的認識度；第三，多用造價低廉又能烘托席面的「高利潤」菜品，能給人豐盛之感；第四，適當安排技法奇特或合理造型的菜品，可提高會議餐的級別。

為了做到萬無一失，會議餐的設計者除應遵循上述原則外，「揚長避短」的選菜要訣也很重要。每一餐廳都有自己的優勢，當然也有各自的缺憾，選菜時，要盡可能地發揮本店之專長，亮出本店之特色，以確保所選的菜品能有效供應：（1）凡因供求關係、採購和運輸條件等影響原料供應的菜品不宜選用。（2）凡原料受法律、法規限制或在加工、運輸、儲藏等環節存有衛生問題的菜品更應堅決杜絕。（3）受爐灶設施或餐飲器具限制的菜品不能安排。（4）奇異而陌生的菜餚或工序複雜的工藝大菜切忌冒險承製。（5）平時銷量較小且風格與會議主題不相一致的菜品要慎重考慮。

會議餐的菜點選出之後，還須按照用餐標準合理組合、依次排列。由於會議主辦方的訂餐標準不同，會議餐的排菜格式存在較大的差別：自助式會議餐檔次較低，通常應用於早餐，以當地特色麵食、小吃為主，有時也加配主食和小菜。便席式會議餐適用於與會成員正餐使用，其規格不高，適應面廣。這類包餐的菜品通常是每桌（10人／桌）5～7菜1湯，上菜不講究順序，宴飲不注重節奏。從構成上看：冷菜有時安排1道，有時省去不用。熱菜通常為4～6道，兼顧使用禽類、畜類、河鮮、海鮮、蛋奶、蔬果和糧豆。這其中，湯菜只用1道，以鹹湯為主。主食（或點心）是其不可缺少的組成部分，一般安排1～2份。宴會式會議餐屬於檔次較高的會議包餐，它採用會議包餐的就餐方式，參照宴會席的排菜格

局，只適用於那些提出特殊訂餐要求的群體，其排菜格式為：冷菜—熱菜（包括湯菜）—點心—水果。與正規的宴會席相比，其菜品數量不多，但質量較精，排菜時應以客人的具體需求為準。套餐式會議餐常以分餐制的形式出現，人各一份，每份套餐由3～5種菜餚拼配而成，另配米飯（有時加配湯菜），適於正餐使用，其檔次較低者類似於盒飯。

菜品作為會議餐的主要內容，無論採用哪種用餐方式，其排列組合均應兼容多變，以保持與會成員的新鮮感。也就是説，菜與菜的排列必須兼顧好冷熱、葷素、鹹甜、濃淡、乾稀的搭配關係，特別是原料的調配、色澤的變換、技法的區別、味型的層次和質感的差異，只有合理調排，靈活多變，才能顯現出會議餐的生機和活力，才能給與會成員以新穎、暢快的觀感。如果菜式單調、技法雷同、味型重複，賓客難免會產生厭食情緒。

設計與製作週期較長的會議餐，除了菜與菜之間應注意「翻新花樣，避免雷同」之外，不同餐次之間也應安排合理：通常情況下，會議起始日和結束日的菜品規格應高，其他時間菜品的規格可相對較低；同一天裡，早餐的菜品規格最低，午餐的菜品相對簡單，晚餐的菜品比較豐盛。這種「應時而化」的排菜手法在會議餐的設計與製作中經常使用。

會議餐是否受人歡迎，一要看菜點的數量和分量，二要看菜品的特色與質量，三要看就餐的環境，四要看服務的水平，五要看衛生狀況，六要看價格是否合理。究其根本，還是菜品的質量與價格因素最重要。所以，在會議餐的製作過程中，應特別注重務本求實、靈活變通。

務本求實，是承製會議餐時最應遵循的一條重要規則。由於會議餐的主要特徵是人多面廣、簡易就餐，餐飲接待部門用有限的會議餐費，去承製一整套菜點，去迎合眾多的賓客，不能不注重其食用性。因此，無論是原料的擇用與組配、菜品的烹製與調理，套餐的品評與服務都應強調以食用為中心。如果在菜品的製作過程中偷工減料、胡亂組配、過分雕琢、違規烹製或者敷衍了事，雖然一時欺哄了賓客，但最終受損的是酒店的聲譽。

靈活變通，指會議餐的製作要因人、因時、因價、因料、因菜而變，切忌墨

守成規。第一，普通菜品的烹製方法並非金科玉律，凡訂席人提出的要求，只要行得通，完全可以嘗試著迎合對方，特別是招待食俗不同的與會賓客，因人制菜非常必要。第二，會議餐的製作除應選擇應時當令的原料外，還須按照節令的變化調配口味：夏秋的菜品汁稀、色淡、質脆，口味偏重清淡；冬春的菜品以汁濃、色深、質爛的菜為主，口味趨向醇濃。第三，調製規格較低的會議餐，除選用大眾化菜品外，每份菜餚還可改變主配料間的搭配關係，例如，梅菜扣肉，用價格低廉的素料作主料，其佐餐的效果說不定更好。第四，烹飪原料發生了變化，烹製的技法也應隨著改變。特別是製作餐次較多、規格較低的會議餐，「因料施藝」的調製法則行之有效，屢見不鮮。第五，對於名菜名點，其原料構成、烹調方法及成菜特色務必保持「正宗」，但每份菜品的分量及裝盤方式仍可作適當調整。總之，會議餐的製作不必死守常規，只要能確保質量、取悅賓客，多一份變通又有何妨！

下面是幾類會議餐菜單，可供參考。

例一：自助式、便席式會議餐

××渡假村會議包餐菜單

星期一　早餐（自助餐）：空心麻丸、雞冠餃子、煎軟餅、鹹鴨蛋、桂林米粉、四川泡菜、綠豆稀飯。午餐：蝦子蹄筋、泡椒鱔魚、菜心奎圓、回鍋肚片、酸辣藕帶、魚頭豆腐湯。晚餐：涼拌毛豆、粉蒸排骨、水煮牛肉、香酥鴨方、馬鞍魚橋、酥炸藕夾、口茉菜心、瓦罐雞湯。

星期二　早餐（自助餐）：肉末花捲、紅棗發糕、煎蛋、熱乾麵、綠豆湯、老錦春醬菜、桂花糊米酒。中餐：豆瓣鯽魚、青椒牛柳、腰果雞丁、荊沙魚糕、豆瓣茄子、蝦米冬瓜湯。晚餐：滷味雙拼、煎糍粑魚、回鍋豬舌、孜然鵪鶉、珍珠米丸、三鮮鍋巴、炒竹葉菜、蘿蔔老鴨湯。

星期三　早餐（自助餐）：五彩蛋糕、燒梅、醬肉包子、滷蛋、蔥油花捲、牛奶、紅豆稀飯。中餐：蠔油牛柳、江城醬板鴨、肉末燒冬瓜、梅菜扣肉、清炒絲瓜、奶湯鯽魚。晚餐：蒜泥芸豆、麻仁雞翅、韭黃炒蛋、紅燒鯰魚、虎皮青椒、黃燜牛筋、水果拼盤、冬瓜排骨湯。

　　星期四　早餐（自助餐）：雙色蛋糕、三鮮豆皮、金銀饅頭、米發糕、黃金餅、牛肉粉、豆漿。中餐：椒麻肚絲、粉蒸鯰魚、乾張肉絲、糖醋排骨、清炒豆角、紅棗烏雞湯。晚餐：涼拌苦瓜、椒鹽竹節蝦、黃燜野鴨、清蒸樊鯿、芋頭燒牛腩、肉末蒸蛋、香菇菜心、雙元粉絲湯。

　　星期五　早餐（自助餐）：天津小包、香煎軟餅、鹹鴨蛋、三鮮麵、泡菜蘿蔔、香油榨菜、白米稀飯。中餐：油爆腰花、貴妃鳳翅、乾烹帶魚、植蔬四寶、家常牛蛙腿、甲魚冬瓜湯。晚餐：皮蛋拌豆腐、蔥爆肚仁、紅燒鮰魚、香酥全雞、虎皮蹄膀、水煮鱔片、蒜茸莧菜、花菇乳鴿湯。

　　例二：宴會式會議餐

　　××開發區招商洽談會之魚鮮宴菜單

　　冷碟：談笑皆鴻儒

　　熱菜：鴿蛋鮰魚肚

　　玉帶財魚卷

　　木瓜炒魚線

　　荊沙蒸魚糕

　　鴻運武昌魚

　　珊瑚大鱖魚

　　拖網青魚方

　　蟲草燉金龜

　　主食：雲夢鮮魚麵

　　蟹黃蒸魚餃

　　果盤：年年慶有餘

　　例三：套餐式會議餐

××學院學生工作會套餐式會議餐2009年6月

午餐：黃燜肉丸、乾烹帶魚、豉椒牛柳、酸辣黃瓜、蝦米冬瓜湯（自助）、米飯（自助）。

晚餐：透味板鴨、回鍋牛肉、豆瓣鯽魚、糖醋排骨、蒜茸莧菜、絲瓜雞蛋湯（自助）、米飯（自助）。

第七節 中式宴席中的接待禮儀

在以經營宴席業務為主的餐飲企業中，無論是宴席預訂、菜單設計、餐室美化、菜品製作，還是接待服務、餐飲推銷，粗看似乎與「禮」無關，實則「禮食」的氣氛相當濃郁。古語稱：「設宴待嘉賓，無禮不成席。」主人花費大量的錢財，就是為了換取一個優雅舒適的環境，換取一桌豐美可口的酒菜，換取一股賓至如歸的氛圍。有了這三者，「食禮」方能落到實處，敦親睦宜的目的才能實現。從這個意義上講，餐飲企業承辦酒宴，在贏利的同時，也要努力扮演好「半個主人」的角色，想東道主之所想，急東道主之所急，真正將宴飲聚餐場所變成溫馨和諧之家。

一、國宴接待禮儀

國宴是以國家名義舉行的最高規格的宴席。國宴多在國家會堂、國賓館或五星級飯店舉行，由國家領導人主持，相關的內客成員作陪，並邀請各國使節和各界代表人士參加；宴會廳內高懸國旗，有正規管樂隊或軍樂隊演奏國歌、迎賓曲或歡快的民族樂曲。宴會開始時國家領導人致歡迎詞或發表賀詞，來訪的國賓致答謝詞。雙方都要回顧兩國友好交往的歷史，闡明各自的政治主張，暢談經濟合作與文化交流，展望美好未來。席間賓主互相祝酒表示友誼和尊重。國宴的請柬和席卡上印有國徽和菜譜，接待服務要符合高規格的禮儀要求，同時在清潔衛生和安全保衛工作方面也有一系列的嚴格規定。

從形式看，國宴有歡迎宴、送別宴、午宴、晚宴、國慶招待會、新年招待

會、冷餐酒會種種，規格與人數可靈活變化。它往往採用分餐制和大桌面，時間控制在1小時左右。接待服務按外交部禮賓司的規定進行，工作人員是從各地挑選而來，並經過正規培訓，文化素質高，儀容風度好，具有高度的責任心和嫻熟的業務技能，熟悉各國各民族的風土人情，遵守外事紀律，能表現出中華民族的優良風範。

二、公務宴接待禮儀

公務宴是指政府部門、事業單位、社會團體以及其他非營利性機構或組織因交流合作、慶功慶典、祝賀紀念等有關重大公務事項接待國內外賓客而舉行的餐桌服務式宴席。通常是在接風餞行、簽訂協議、慶功頒獎、聯絡友情、酬謝贊助、演出比賽或有關重大活動時舉行。

專宴的形式多種多樣，有駐外使團的外事活動、迎接外國代表團的訪問、社會名流的酬酢交往、大型國際會議的活動安排、僑胞台胞的省親祭祖、大型項目的奠基落成等。承辦這類宴席，可以是國賓館或迎賓館，可以是星級酒店或高級酒樓，還可以是軍營、院校等。其桌次可多可少，等級有低有高，席單調排千變萬化，重在突出中國飲食文化的風采。

公務宴的規格低於國宴，但仍注重禮儀，講究格局。同時，由於它的形式較為靈活，場所沒有太多的限制，規模一般不大，更便於開展公關活動，因而在社會上應用普遍，很受歡迎。

公務宴的接待要旨是：①接待的等級應與主賓的身分相稱；②陪同人員與服務人員務必精幹；③國際禮儀與民族禮儀並重；④程式不要過於煩瑣；⑤應突出小、精、全、特、雅的風格；⑥著意烘托友好的氣氛，多給賓主一些活動空間和交談時間。

三、商務宴接待禮儀

商務宴席主要係指工商企業開張誌慶、洽談業務、推銷產品、酬謝客戶、進

行公關活動、塑造企業形象時籌辦的酒筵。其檔次大多較高，桌次多少不等，經常在中、高級酒樓、飯店或賓館中舉行，對於接待禮儀和服務規程有較高要求。

首先，商務宴常和商務談判同時進行。它要求賓館、酒店除了提供潔淨的餐室之外，還要提供寬敞、舒適的談判會場和簽約會場以及電腦、電傳等現代化辦公設備和訓練有素的文祕人員。因此，高效率、保密性和良好的環境氛圍，十分重要。

其次，商務宴的參加者大多是一些文化層次較高、餐飲經驗豐富、烹飪審美能力較強的人士。作為東道主來說，為了一次商務活動的成功，在預訂宴席時往往願意多花一些錢財，以便擴大本企業的影響。這樣，賓館、酒店必須能夠拿出一流的設施、一流的飯菜和一流的服務，否則就很難滿足這種高消費的需求。

再次，從商者都有一種趨吉避凶的心態，追求好的口彩，期盼「生意興隆通四海，財源茂盛達三江」。所以，承接此類宴席，要更為注意商業心理學、市場營銷學和公共關係學的運用，著意營造一種「和氣生財」、「大發大旺」的環境氣氛，在菜單的編排和菜名的修飾上多下一些工夫。

▌四、紅白喜宴接待禮儀

紅白喜宴是指各個家庭為其成員舉辦的誕生禮、成年禮、婚嫁禮、壽慶禮或喪葬禮時置辦的酒宴。這是古代人生儀禮的繼續和發展，一般都有告知親朋、接受贈禮、舉行儀式、酬謝賓客等程序，多在餐館、酒樓舉辦，每次3～20桌，接待要求各不相同。其接待禮儀詳見本章「人生儀禮宴的設計與實施」。

▌五、團年宴接待禮儀

團年宴包括元旦團拜後的聚餐和除夕、春節的家庭團年飯兩種類型，近年來不少企事業單位和家庭都在酒樓、飯店中預訂宴席，力求風光、火爆。

團年宴的接待首重氣氛。首先，餐廳應當張燈結綵，播送歡快樂曲，並懸掛祝頌標語，向客人敬獻賀年卡與鮮花。如有可能，還應組織中小型文藝團體進行

演出，謳歌太平盛世、人壽年豐。其次，桌面、餐具、桌布乃至服務員的工作服，都宜為紅色，充滿喜氣洋洋的情調。菜品應突出鄉土風味，多用「吉語」，力求豐盛大方，使席面多彩多姿。最後，要多用「敬辭」和「祝頌語」向客人致意，臨別時每桌可贈送一包「肉丸」，象徵明年更為興旺。

六、接風餞行宴接待禮儀

接風餞行宴多見於親朋好友之間的送往迎來，是中國重要的社交禮儀之一。

接風，古稱「迎風」、「洗泥」，即招待遠來的親友、賓客的宴會。其歷史久遠，《水滸傳》、《紅樓夢》等書中多有描繪。

餞行，古稱「餞別」或「飲餞」，是為遠行親友、賓客送別的一種便宴。古時多在郊外涼亭或搭一帳篷舉行，《西廂記》、《金瓶梅》等書亦有描繪。

現今，接風和餞行多在客人到達的當日或客人離開的前夜分別舉行。其席面大多精緻，陪客一般不多，席上免去了許多禮俗，重在賓主之間推心置腹的交談，有「酒逢知己千杯少」的情味。它要求服務人員儘量減少干擾，給賓主們更多的自由空間。這類宴會酒水的需要量大，服務員事前應做好準備。

接風餞行宴流傳於各個階層和地區。在國宴中，接風宴通常稱為歡迎宴會，餞行宴通常稱為送別宴會（或告別宴會）。在文化節慶中，它分別在開幕式和閉幕式後舉行。至於普通家庭，則在客人進家後和客人離家前舉行。至於普通家庭，則在客人進家後和客人離家前舉行。其中，少數民族村寨的接風餞行宴最有風采。例如，瑤族接風，先上「迎賓茶」，喝畢，夏為客人打扇，冬請客人烤火。接著是「洗塵澡」，春冬用熱水盆浴，夏秋用藥水桶浴，洗澡水中兌加了山中20多種野生草藥熬製的溶液，可以舒筋活絡、祛風去濕、提神醒腦。最後吃「接風酒」，席間邊飲酒邊對歌，輪迴5～6次，全家老小舉杯，表示對客人的尊敬。

七、喬遷宴接待禮儀

　　喬遷宴多是普通家庭祝賀新房落成或搬遷新居時舉行的答謝親友、鄉鄰、領導、同事的中型宴聚活動。這種酒席，南方盛於北方，農村盛於城市，普通居民盛於公務員。

　　農村的喬遷喜宴，多是自己操辦，請幾名鄉間廚師，主人和親屬兼任服務員，往往一開十餘桌，較為熱鬧。其禮儀也來自民間，樸素而富於人情味。

　　城鎮的喬遷喜宴，多在購房、分房、裝修完畢、搬進去布置妥當後舉行。客人少時則在家中設置酒菜，客人多時便要去酒店包席。喬遷宴會屬於喜宴，接待禮儀的要旨是祝賀、歡慶，故而各個服務細節都應當與此相吻合。

┃ 八、開業宴接待禮儀

　　開業宴會是企業或其他組織宣布正式對外開展業務時酬謝領導、來賓和客戶的大型宴請活動，一般都有10～20桌，檔次往往偏高。它常租用一些知名的酒樓或飯店舉行，接待禮儀要求較嚴。

　　通常是餐廳大門要懸掛「熱烈祝賀×　　×開業」的大紅橫幅，門前擺放花籃，有樂隊伴隨主人迎賓，服務員應佩戴有企業名稱或標誌的綬帶，導引每一位客人。入座後一般有簡短的儀式，主人致辭，主賓祝酒。此時服務人員應將盛滿紅酒的高腳酒杯用托盤及時送到每位客人手中。上菜以後，更需勤加巡看，全面提供筵間服務，對於老弱婦女要多照應，從始到終都要聽從主人的指揮。

┃ 九、竣工宴接待禮儀

　　竣工宴是某個項目或工程完工、透過驗收、交付使用時舉辦的大型宴請活動。它往往帶有四個目的：（1）表彰和感謝為之付出辛勞的英模和員工；（2）答謝有關方面的支持與合作；（3）歡迎上級和專家組前來指導；（4）與工程或項目的委託方洽談某些事宜。

　　現今的許多竣工宴會習慣於在現場舉行自助餐或酒會，委託某一酒樓辦理。其優越性是占盡「地利」，可以利用工程及竣工典禮會場作為背景，場面開闊，

氣氛熱烈；困難是菜點要就地製作或用保溫箱運來，廚師和服務人員勞動強度大，常常是一人要頂數人用。因此，必須統一指揮，有效調度，忙而不亂，從容不迫，禮儀一一到位。

十、散客便宴接待禮儀

散客便宴係指零星顧客三五相邀，臨時點菜就餐的便席。它大都設置在餐廳的一、二樓，有臨台售票、服務到桌和按位記卡、餐後結算兩種接待方式。其特點是：

（1）每桌人數多少不等，所點菜品一般不多，消費層次屬於中檔偏下。

（2）賓客對象複雜，飲食需求各異，接待任務零散紛繁，工作量大。

（3）要求服務人員具有較強的觀察能力、組織能力和應對能力，善於處理各種複雜的關係，維護餐廳的「窗口」形象。

零點便宴的接待包括熱情迎賓、導引入座、送茶遞巾、禮貌詢問、介紹菜點、開單下廚、台位擺設、上酒布菜、餐間服務、準確結算、徵詢意見、致謝送別等十多道環節，通常由迎賓員、引座員、值台員、傳菜員、收銀員分工協作完成。

在零點便宴接待中，還要做好開堂前的準備工作和打烊後的收尾工作，如清潔衛生、清點用物、查看意見簿、交接班之類，較為瑣細和辛勞。

零點便宴接待的關鍵是以禮相待，一視同仁，誠信無欺、任勞任怨。這裡面有四忌：一忌以貌取人，二忌以消費數額取人，三忌輕慢外地客和農村客，四忌敷衍了事。零點便宴中的許多矛盾都是由此而起。如果注意防止這些問題，「食禮」也就能展示出來。

第八節　湖北魚鮮宴鑒賞

一、湖北魚鮮宴菜單

冷盤：駿馬奔騰

六味圍碟

頭菜：鴿蛋裙邊

熱菜：蟹黃魚蛋

木瓜魚線

雙味鮰魚

三色魚球

拖網魚方

珊瑚鱖魚

清蒸樊鯿

財魚燜藕

荊沙烏龜

魚絲泥蒿

座湯：清湯游龍

主食：老通城豆皮

四季美湯包

果盤：碩果纍纍

‖ 二、湖北魚鮮宴鑒賞

　　招待總部首長之湖北魚鮮宴，係武漢軍事經濟學院招待所王海東所長設計並製作的一桌招待宴。該宴席以湖北淡水魚鮮菜品為其主菜，按接待的相應規格設計並製作，展現了「魚米之鄉」的飲食風情，深受總部首長之好評。

　　湖北省，地處華夏之腹心，長江、漢水貫穿其境，千餘湖泊星羅棋布，淡水

資源異常發達。用湖北的「魚鮮宴」招待來訪的上級首長，可凸顯湖北菜「水產為本，魚菜為主」之特色；可適時展現湖北的特色精品魚菜，迎合客人的飲食需求；可體現辦筵的接待規格，表達主人待客的真情實意。

設計與製作本宴席，有如下特色可作說明：

從宴席結構上看，它體現了華中地區的上菜格局：冷菜（酒水）—熱菜（頭菜＋熱葷＋湯菜）—點心（或主食）——水果。

從原料構成上看，它使用了多種著名的特產魚鮮，如鄂州的武昌魚、荊沙的斷板龜、荊南的甲魚（裙邊）、石首的鮰魚。此外，鱖魚、財魚、白魚、青魚等也頗耐品嚐。

從製作方法上看，它集蒸、燜、燴、炒、　、燉等多種技法於一體，因料而異，盡顯各種烹飪原料之特長。此外，安排較多的魚茸製品及工藝魚菜，也是本宴席的一大亮點。

從宴席花色品種上看，本宴席中的菜品多達22　道，它們講究菜品之間色、質、味、形、器的巧妙搭配，注重菜品本身的純真自然，力求味醇而不雜，湯清而不寡；並盡可能地展示當地的特色名菜。例如，老通城豆皮、清蒸武昌魚；荊沙烏龜、四季美湯包、鴿蛋裙邊、珊瑚鱖魚、雙味鮰魚等，有的是古今名菜，有的是當代食中精品。

從營養配伍的角度上看，本宴席的最大特色是高蛋白、低脂肪的魚鮮菜品含量豐富，它完全符合現今的餐飲潮流。雖然宴席的主體為魚鮮菜品，但冷碟、主食、果盤、酒水、飲料等也占有相當的比例，況且，每道魚鮮菜品的配料都可安排適宜的素料，這種合理的組配，可形成一組平衡膳食。

從文化內涵方面看，本宴席之「魚鮮」，可理解為生活在水中的淡水魚及其他水鮮品，如兩棲爬行動物類的甲魚、烏龜，節肢動物類的蝦、蟹等；「魚鮮宴」屬於「主料全席」中的一種，按中國宴席專家陳光新的理論，該席所有主菜的主料都應同屬一類，即同為淡水魚鮮；該席具備「全」、「品」、「趣」三大特色。所謂「全」，就應做到名品薈萃，形成系列；所謂「品」，指規格檔次較

高，符合審美情趣；所謂「趣」，指美食應與美境統一，使客人既有物質享受，又能娛樂身心。

<h2 style="text-align:center">第九節 「APEC會議」宴會菜單鑒賞</h2>

「2001年中國APEC會議」宴會菜單：

迎賓龍蝦冷盤

翡翠雞蓉珍羹

炒蝦仁蟹黃斗

錦江品牌烤鴨

香煎鱈魚松茸

上海風味點心

天鵝鮮果冰盅

此菜單是為出席APEC第九次領導人非正式會議的經濟體領導人的工作午餐而設計的。時間為2001年10月21日中午，地點在上海。

設計思路：按照宴席主題，本次菜單的設計，是以綠色食品為主體，根據要求，要把工作午餐按照超國宴的要求來操辦，但是不用高檔原料（魚翅、海參、鮑魚、燕窩等慎用），不用豬肉、牛肉（避免宗教禁忌）。利用精美的裝盤藝術來顯現其豪華高檔；用精湛的烹飪技藝來展現中華飲食文化的精髓，來體現海派文化接納四方的精神。

由於貴賓來自不同國家和地區，有各自不同的口味要求和嗜好，所以，宴席菜式的安排按照中菜西吃的方法進行設計，菜餚製作按純中菜的方法，裝盤方式、器皿、菜單結構按西式的要求（冷盤、湯、熱頭盤、家禽、主菜、甜品、水果）排列，以此反映出中國傳統文化與世界優秀文化融合在一起。

除上述菜品外，每位客人配有4味碟，各吃黑魚子醬、糖醋三椒、琉璃橄仁

肉、瑤柱辣椒醬。麵包、奶油、鵝肝醬分放在小盅、調味碟中，主要起開胃的作用。各吃的安排是方便客人取用，並方便服務人員添加。

此類宴席特別注重宴飲氛圍。

迎賓龍蝦冷盤：第一個高潮要掀起在客人入席之初，使之有眼前一亮的感覺。客人入座後映入眼簾的是經廚師精心雕刻的龍形南瓜罩，其底層是古錢幣圖案，中層是中國民間傳統的雙龍拱壽圖案，上層是20多條形態各異的騰龍，栩栩如生，喻義各國主要領導人，為了各國的經濟發展聚在一起，為社會的發展與富裕開會討論。打開瓜蓋，是由1000克左右深海龍蝦所製的，配有特製的含有芥末的調味醬，適合西方人的口味，邊上配以上海特色豆瓣酥、茭白、糖醋蘿蔔圈的冷盤，令人食慾大振。

翡翠雞蓉珍羹：高湯配以野生薺菜汁加上雞蓉，按傳統淮揚菜雞粥工藝的做法，經改良後而成，香滑可口。為了達到鮮美、滑溜、噴香、燙口的效果，在製作工藝上進行了改良，使用了20多種食材，用西菜的燒湯製成了中式的粥。這一款老菜新做的創新菜在餐桌上得到了各國領導人的特別青睞。

炒蝦仁蟹黃斗：十月正是螃蟹當令時節，用陽澄湖大閘蟹的肉、蟹膏熬製成蟹油，與高郵湖的蝦仁同炒，體現了上海菜的特色風味。蟹肉鮮美，蝦仁滑嫩而有彈性；選用應時當令的菜品，是本次宴會的亮點之一。

香煎鱈魚松茸：選用深海鱈魚，用數種醬汁醃製後以文火扒烤成熟，配以菌皇松茸橄欖菜，能適應東西方客人的口味，此菜為本宴會的副菜。

錦江品牌烤鴨：錦江烤鴨經過50多年的精煉，已成為國家元首訪問上海的傳統品牌菜。此菜肥而不膩，入口即化，配以特製的麵醬和京蔥、黃瓜條，廚師現場片鴨，營造了熱烈的氣氛。主菜的現場操作與法式服務的方式不謀而合，掀起了宴會的第二次高潮。

上海風味點心：造型美觀的巧克力慕司與薄脆餅，體現出中西飲食文化的完美結合。

天鵝鮮果冰盅：果盅是用冰雕鑿而成的小天鵝，冰天鵝盅內放著哈密瓜、葡

萄等新鮮水果，底座還亮起用紐扣電源發電的藍色燈光，如此精緻的手工藝品，又一次聚焦了所有人的目光，為午餐平添了新的情調，將宴席推向最後一個高潮，同時，與頭道閃亮登場的南瓜雕首尾呼應，為此宴會添上了精彩的句號。

本次宴會菜單又可寫成如下形式，取每句頭字即為「相互依存，共同繁榮」。

相輔天地蟠龍騰

互助互惠相得歡

依山傍水螯匡盈

存撫夥伴年豐餘

共襄盛舉春江暖

同氣同懷慶聯袂

繁榮經濟萬里紅

APEC宴會菜單詞義註解如下：

相互依存、共同繁榮：菜單每行句子的首字聯詞，為APEC會議的宗旨和目標。

相輔天地蟠龍騰：《周易·泰》「輔相天地之宜」，指相互輔佐以辦天下大事。「蟠龍騰」指龍騰升，尤指中華龍騰升，氣勢千萬，龍蝦喻蟠龍。

互助互惠相得歡：《尚書·説命》「若作和羹，爾唯鹽梅」，喻舉辦地區經濟合作大事如作和羹，必須具備互助互惠的合作原則。

依山傍水螯匡盈：喻亞太地區，大好山河，地利人和，特產充沛。螯匡，蟹斗別稱，盈即豐盈肥滿。

存撫夥伴年豐餘：《漢書》「存撫其孤弱」，「存撫」指關心愛撫，引申為參與世界經濟發展的良好貿易夥伴關係。魚喻年年豐收有餘。

共襄盛舉春江暖：蘇軾《惠崇春江晚景》詩云「竹外桃花三兩枝，春江水暖

鴨先知」，即用鴨子喻春江水暖。

同氣同懷慶聯袂：《周易・乾》「同聲相應，同氣相求」，「同氣」指氣質相同。賈至《閒居秋懷》「我有同懷友，各在天一方」，「同懷」指同心。

第十節 人生儀禮宴的設計與實施

人生儀禮宴，又稱紅白喜宴，是指各個家庭為其成員舉辦的誕生禮、成年禮、婚嫁禮、壽慶禮或喪葬禮時置辦的酒宴。這是古代人生儀禮的繼續和發展，一般都有告知親朋、接受贈禮、舉行儀式、酬謝賓客等程序，大多在酒店舉辦，接待標準和要求各不相同。

誕生宴。多在嬰兒出世、滿月或週歲時舉行，赴宴者為至親好友，一般是2～8桌。它的主角是「小壽星」，要求突出「長命百歲、富貴康寧」的主題。賀禮常是衣服、首飾、食品和玩具；宴席上菜重十，須配大蛋糕、長壽麵、豆沙包和狀元酒，忌諱「腰（其音諧『夭』）子」，菜名要求吉祥和樂，有喜慶氣氛。

成年宴。多在小孩上學、10歲時舉行（少數民族地區一般是在5～15歲舉行），赴宴者除至親好友外，尚有孩子的夥伴，一般為4～10桌。它的主角是小壽星，要求突出「光宗耀祖、後繼有人」的主題。賀禮常是玩具、文具、衣物或現金；宴席上菜也須重十，須配什錦菜、什錦羹、什錦果、什錦點之類，還應點上蠟燭的裱花蛋糕，高唱《祝你生日快樂》，店家還須送一份相應的禮物。這類禮宴也忌上「腰子」，勿用「腰盤」，多給小主人一些自由，讓其盡情玩樂。

婚慶宴。多在相親、訂婚、結婚回門時舉行，赴宴者是親友、街鄰、同事、同學和介紹人，一般是8～30桌。它的主角是新郎、新娘，要求突出「白頭偕老、兒孫滿堂」的主題。賀禮常是衣被、工藝品、電器或現金；宴席排菜是雙數，最好是扣八、扣十，菜名要有「彩頭」，風光火爆，寄寓祝願；餐具宜為紅色、金色，用紅桌布，配紅色果酒。此類禮宴忌諱擇破餐具和飲具，不可上「梨」、「橘」（諧音「離」或寓意「分」）等果品，不可用「霸王別姬」、「三姑守節」等不祥菜名。餐廳應提供婚慶禮儀服務和錄像服務。

壽慶宴。多在50歲、60歲、70歲、80歲大壽時舉行，赴宴者多係「壽星」，要求突出「老當益壯、福壽綿綿」的主題。賀禮常為衣物、食品、補品或花束；宴席上菜重九，取「九九長壽」之意，菜點應當溫軟、易消化、多營養，須配長壽麵、壽桃包、大蛋糕和銀杏仁；不可上帶「蠱」（諧音「終」）字的菜和過多的「魚」（諧音「多餘」），避開民間忌諱。

喪葬宴。包括長壽辭世、死時安詳的「吉喪」和短命夭亡、死得慘烈的「凶喪」。前者多稱「白喜事」，擺冥席，供清酒，宴賓客，收奠禮，比較熱鬧；後者一般不加張揚，匆匆安埋了結。它的主角是「走進天國」的死者，要求突出「駕鶴西去、澤被子孫」的主題。宴席上菜重七，有「七星耀空」之說，少葷腥，忌白乾，用素色餐具，無猜拳行令等餘興。至於酬謝辦喪人員，則須大魚大肉，好酒好菜，這叫「沖晦」，有祛邪之意。喪葬宴一般為3～10桌，如果是包廂，服務員應著素色服裝，保持肅靜，以示哀悼。

人生儀禮宴的菜單設計與組織實施程序如下：

一、宴席要求

宴席是烹飪藝術的最高表現，人生儀禮宴的要求主要表現為：

整體美——環境、燈光、音樂、席面擺設、餐具、服飾、氣氛的綜合美；菜單中菜點之間有機統一形成的整體美。

節奏美——上菜時的速度節奏、色彩對比節奏、口味調節節奏、宴席高潮的時機掌握。

高雅美——格調高雅，力求提供最佳的原料、最好的技藝、最高水平的服務（包括環境、餐具、氣氛等）。

宴席是為慶賀、紀念或答謝而聚會親友賓客的飲食活動，其消費目的之飽腹已變為其次，首要是聚會——享受氣氛。所以，菜單設計必須迎合宴席的內容要求；環境布局與氣氛的設計合理；餐具的使用與席面擺設正確；服務程序和方式完善；上菜編排和節奏控制恰當。

二、宴席設計

（一）菜單設計

1.四定一知

定時間、定金額、定人數、定分量；知宴會內容、客人的習俗和嗜好。

2.五注意

（1）選料的季節性、多樣性；

（2）用料、口味、烹法、色彩等配套；

（3）營養配搭合理膳食；

（4）突出企業的名、特、優產品；

（5）菜品定名的心理效應。

附：上海錦江飯店婚宴菜單

姻緣美滿——鮪魚沙拉

發財好市——八味蓋碗

比翼雙飛——珍珠雙蝦

滿堂喜慶——鹹蛋黃青蟹

牛市大吉——黑椒牛排

金牌紅運——錦江烤鴨

招財進寶——豉椒扇貝皇

金錢滾滾——香菇菜心

富貴有餘——松子鱖魚

沉魚落雁——甲魚乳鴿湯

百年好合——素三絲春捲

早生貴子——大棗花生蓮子羹

（二）氣氛設計

（1）環境布置：如社團宴會的橫幅、彩旗、會議的致辭講台、音響。

（2）氣氛設計：如婚宴的進出場儀式、宴會期間的樂曲、燈飾。

（3）其他設計：如菜單擺放、賓客簽到、贈送禮物、台號、座位安排等。

（三）服務安排

（1）迎賓：掛衣帽服務，熱巾香茗，招呼入座。

（2）送客：陪送離店，告別禮貌。

（3）上菜及服務研究：①為什麼要控制好上菜節奏？怎樣配合宴會的進程？②客人比預計多了或少了如何辦？③宴席上菜的服務關鍵怎樣？

（4）敬酒：經理敬酒代表了企業對客人的尊重，也是公關禮儀營銷的需要。

‖ 三、宴席生產組織

（1）定菜單：考慮生產能力、技術能力、原料情況。

（2）組織：備料、備餐具、安排人力、檢查設備。

（3）預製：半製品的製作、湯汁的煨燜燉 。

（4）配菜及保管：嚴格用量、預先配好、分類擺放。

（5）上菜前預備：器皿、湯汁、漿粉、造型。

（6）上菜：分工、指揮、上菜次序和節奏控制。

（7）上菜順序：冷碟—熱炒—頭菜—熱葷—甜菜—熱葷—素菜—座湯—點心主食—水果。

上菜規律：①先冷後熱；②先貴後賤；③先濃後淡；④先乾後稀；⑤先鹹後

甜；⑥先菜後點。

（8）節奏控制：①速度——先快後慢。②結合實際控制、溝通，服從前台指令。

（9）上菜的質量控制研究：①總廚如何實施重點控制？②如何保證熱菜的熱度？③如何具體實施菜餚的預製？④若干菜單一齊上菜該如何組織生產？⑤菜餚質量的過程控制、重點控制和責任控制？

‖ 四、各部門的溝通和合作

部門間的溝通與合作主要涉及如下內容：

（1）訂購與進料。

（2）宴會設計。

（3）菜品製作。

（4）劃單、備作料、組織送餐。

（5）服務與接待工作。

（6）銷售部在宴席中應做的具體工作。

思考與練習

請按下列要求設計一份提綱式宴席菜單——標準宴席菜單，列出宴席原料清單，並對菜單進行宴席主題成本、營養分析，對生產工藝和服務程序進行設計。

1.宴席主題：婚慶宴、壽慶宴或迎送宴。

2.承辦宴席季節：冬季或秋季。

3.特色風味：設計者所在省區家鄉風味。

4.宴席成本：整桌菜品成本控制在400元左右。

5.訂席要求：簡潔、實惠；安排20道菜品。

國家圖書館出版品預行編目(CIP)資料

宴席設計理論與實務 / 賀習耀 主編. -- 第一版.
-- 臺北市：崧博出版：崧燁文化發行，2019.02

　面　；　公分
POD版
ISBN 978-957-735-660-4(平裝)

1.宴會 2.餐飲業管理

483.8　　　　　108001809

書　　名：宴席設計理論與實務

作　　者：賀習耀 主編

發行人：黃振庭

出版者：崧博出版事業有限公司

發行者：崧燁文化事業有限公司

E-mail：sonbookservice@gmail.com

粉絲頁 　　網　址：

地　　址：台北市中正區重慶南路一段六十一號八樓 815 室

8F.-815, No.61, Sec. 1, Chongqing S. Rd., Zhongzheng

Dist., Taipei City 100, Taiwan (R.O.C.)

電　　話：(02)2370-3310 傳　真：(02) 2370-3210

總經銷：紅螞蟻圖書有限公司

地　　址：台北市內湖區舊宗路二段 121 巷 19 號

電　　話：02-2795-3656　　傳真：02-2795-4100　網址：

印　　刷：京峯彩色印刷有限公司（京峰數位）

　　　本書版權為旅遊教育出版社所有授權崧博出版事業股份有限公司獨家發行
電子書及繁體書繁體字版。若有其他相關權利及授權需求請與本公司聯繫。

定價：500元

發行日期：2019 年 02 月第一版

◎ 本書以POD印製發行